文明施工实施指南

GUIDE TO IMPLEMENTATION OF CIVILIZED CONSTRUCTION

陕西建工集团有限公司　主编

中国建筑工业出版社

图书在版编目（CIP）数据

文明施工实施指南／陕西建工集团有限公司主编.

北京：中国建筑工业出版社，2018.9

ISBN 978-7-112-22451-7

Ⅰ.① 文… Ⅱ.① 陕… Ⅲ.① 建筑工程－文明施工－指南 Ⅳ.① TU7-62

中国版本图书馆CIP数据核字（2018）第159441号

本书主要介绍了建设工程文明施工的前期策划、申报备案、过程实施及验收管理等工作流程和要求，突出施工现场管理标准化、规范化、精细化、绿色化、信息化和人文化等管理要求。内容包括文明施工概述、文明施工策划、施工现场管理与环境保护、施工安全达标、工程质量创优、办公生活设施整洁、营造良好文明氛围、文明工地验收评审、建设工程项目施工安全生产标准化工地评价、建筑施工项目安全生产标准化考评和附录等。

本书较为系统地总结了创建文明工地的施工管理实践成果，对工程施工现场具有较强的实用性、指导性和操作性，是施工现场管理人员和操作人员应备的指导性手册。

责任编辑：赵晓菲　朱晓瑜
书籍设计：锋尚设计
责任校对：姜小莲

配套资源下载说明：

本书配套资源请进入中国建筑工业出版社官网www.cabp.com.cn页面，搜索图书名称或征订号找到对应资源点击下载（注：配套资源需免费注册网站用户并登录后才能完成下载）。

文明施工实施指南

陕西建工集团有限公司　主编

*

中国建筑工业出版社出版、发行（北京海淀三里河路9号）

各地新华书店、建筑书店经销

北京锋尚制版有限公司制版

天津图文方嘉印刷有限公司印刷

*

开本：787×1092毫米　1/16　印张：12¾　字数：302千字

2018年10月第一版　2018年10月第一次印刷

定价：75.00元（附网络下载）

ISBN 978-7-112-22451-7

（32324）

本书编写委员会

主 任 委 员：张义光
副主任委员：杨海生
编　　　委：（按姓氏笔画排序）

卜国平　王西恒　王安华　王　彤
王　顿　吕广庆　刘庆明　刘红卫
刘　彦　刘博涛　闫永军　杨福生
余大洋　宋轮航　宋　晗　张西平
张洪洲　陈亚斌　陈国良　金海侠
周　明　周凯峰　胡　德　黄昌学
梁保真　韩　伟　智战锋

主 编 单 位：陕西建工集团有限公司
参 编 单 位：陕西华山国际工程集团有限公司
　　　　　　陕西建工第一建设集团有限公司
　　　　　　陕西建工第二建设集团有限公司
　　　　　　陕西建工第三建设集团有限公司
　　　　　　陕西建工第四建设集团有限公司
　　　　　　陕西建工第五建设集团有限公司
　　　　　　陕西建工第六建设集团有限公司
　　　　　　陕西建工第七建设集团有限公司
　　　　　　陕西建工第八建设集团有限公司
　　　　　　陕西建工第九建设集团有限公司
　　　　　　陕西建工第十建设集团有限公司
　　　　　　陕西建工第十一建设集团有限公司

陕西建工机械施工集团有限公司

陕西华山建设有限公司

陕西古建园林建设有限公司

陕西建工基础工程集团有限公司

陕西省土木建筑学会建筑施工专业委员会

主要编写人：时　炜　李西寿　张小源　胡晨曦

李凤红　寇　琦　杨宝林　刘　铭

万　磊　韩　超　潘明玉　蒋承飞

蒋　璐　李录超　孔　航　李　超

主要审查人：张义光　杨海生　迟晓明　贾金辉

聂　鑫　梁保真　王　鹏　帖　华

前言

推行文明施工是建筑施工企业实施品牌战略，践行社会责任，规范项目管理，实现绿色发展，提高综合实力及促进企业转型升级的有效途径和重要手段。

自 1997 年陕西省开展创建文明工地工作以来，陕西建工集团始终坚持以人为本，以安全为重点，以质量为核心，以科技创新为动力，在施工现场管理标准化、规范化、精细化、绿色化、信息化和人文化等方面取得了丰硕成果，实现了工程质量优良、安全生产达标、环保节能突出、文明绿色施工氛围浓厚，彰显了企业实力和品牌优势。

为了系统地总结陕西建工集团二十多年来在文明工地创建过程中的管理经验，进一步规范和指导建设工程文明施工的前期策划、申报备案、过程实施及验收管理工作，陕西建工集团组织编写了《文明施工实施指南》一书。

《文明施工实施指南》主要由文明施工概述、文明施工策划、施工现场管理与环境保护、施工安全达标、工程质量创优、办公生活设施整洁、营造良好文明氛围、文明工地验收评审、建设工程项目施工安全生产标准化工地评价、建筑施工项目安全生产标准化考评和附录等部分组成。

《文明施工实施指南》较为系统地总结了创建文明工地的施工管理实践成果，对工程施工现场具有较强的实用性、指导性和操作性，是施工现场管理人员和操作人员应备的指导性手册。

目录

第5章　工程质量创优

第6章　办公生活设施整洁

第7章　营造良好文明氛围

第8章　文明工地验收评审

第9章 建设工程项目施工安全生产标准化工地评价

第10章 建筑施工项目安全生产标准化考评

附录 工程案例

第 **1** 章

文明施工概述

1.1 文明施工的目的及意义

1.1.1 加快推进生态文明建设，促进绿色发展，树立社会主义生态文明观，广泛推动技术创新、节能环保，全面提升文明施工的整体水平，促进企业可持续发展。

1.1.2 建设工程文明施工，是指在建设工程施工和建筑物、构筑物拆除等活动中，建筑施工企业按照法律、法规及国家规范标准等要求，建立健全项目管理组织体系，采取必要的管理措施和技术措施，确保施工质量安全达标；规范管理施工现场场容场貌，保持作业环境整洁卫生；科学合理组织施工，保证生产有序进行；有效减少施工对周围居民和环境的影响；遵守施工现场文明施工各项规定要求，保障施工人员安全和职业健康等。

1.1.3 建筑施工企业应树立"以人为本、关爱生命、安全发展"的理念，坚持以人为本、以安全为重点、以质量为核心、以科技创新为动力，实现资源节约型、环境友好型、人与自然和谐的文明施工现场管理，确保创建一批工程质量优、安全达标、科技含量高、环保节能突出、管理成效显著、文明氛围浓厚的文明工地。

1.1.4 增强建筑施工企业向心力，提升建筑施工企业形象，保持建筑施工企业持续稳定发展，以创建文明工地为先导，弘扬诚信理念，打造绩优团队，铸造精品工程，内强素质，外树形象，推进建筑施工企业向更高更强的方向发展。

1.2 陕西省建设工程文明施工发展概述

1.2.1 1997年2月，陕西省建设厅下发《关于开展文明工地建设的决定》（陕建建发〔1997〕35号），公布了文明工地建设的标准和工作内容，包括施工现场管理规范、施工安全达标、工程质量优良、办公生活设施整洁卫生、工地具有良好的文明环境，从五个方面首次明确了陕西省创建文明工地的标准及方向，促进了全省建筑施工企业创建文明工地活动的积极发展。

2010年，为将创建文明工地活动与安全标准化建设相结合，全面提升建设工程文明施工管理整体水平，确保创建活动深入持久开展，陕西省住房和城乡建设厅修订出台了《关于进一步深化创建文明工地活动的通知》（陕建发〔2010〕105号），优化明确了新的验收标准及工作内容，包括施工现场管理与环境保护、施工安全达标、工程质量创优、办公生活设施与环境卫生、营造良好文明氛围等五个方面。以此在全省范围广泛开展的文明工地创建活动，使陕西省建筑业取得了长足的发展，彻底改变了社会上对建筑工地脏、乱、差的印象，逐渐树立了良好的行业形象，展示了新时期建筑从业人员的新面貌。如今，文明整洁的施工现场已成为陕西省一道道靓丽的城市风景线，在文明城市、卫生城市、环境模范城市、园林绿化城市、城市双修等城市建设中发挥了重要作用。截至2017年年底，陕西省已创建省级文明工地4046个（图1-1）。

图 1-1 陕西省省级文明工地统计一览表

1.2.2 1997年4月，陕西建工集团制定发布了《关于开展创建文明工地活动的通知》（陕建发〔1997〕35号），要求自1997年起，集团施工企业全面开展创建文明工地活动，以促进施工现场规范管理，提高工程质量和安全生产水平，树立企业文明形象。

在创建文明工地活动中，为了规范操作，陕西建工集团先后颁布了《企业品牌视觉识别指导手册》《文明施工标准化手册》《创建鲁班奖工程细部做法指导》《建筑工程质量常见病诊治要点》《施工现场临时设施标准化手册》《建设工程施工治污减霾管理指南》等。

陕西建工集团在创建文明工地活动中始终坚持"两性、四化、五个一样"。"两性"即：建设工程质量要有样板性、施工安全要有示范性；"四化"即：施工技术科学化、施工现场标准化、施工安全防护设施工具化、施工现场管理信息化；"五个一样"即：地上与地下施工一个样、主体与收尾施工一个样、晴天雨天施工一个样、白天晚上施工一个样、检查与不检查一个样。

经过多年总结，陕西建工集团形成了一整套行之有效的创建经验：

1 实行企业齐抓共管创建文明工地活动的领导体制，形成各方协作、优势互补、整体推动的工作格局；

2 以创建文明工地为龙头，促进和带动现场其他专业管理水平的提高；

3 在创建文明工地规模上，从单体工程向群体项目推进，扩大创建活动的影响力，增强推动作用；

4 不断创新企业文明工地创建标准，优化创建方案，实施高起点，追求高水平；

5 积极运用建筑科技新成果、新技术，确保工程质量和施工安全，提高文明工地的科技含量；

6 应用信息技术，通过建立现场远程智慧监控平台系统及扬尘监测系统，对施工现场质量、安全及环境实行实时监督。

自创建文明工地以来，陕西建工集团通过一系列方法创新、扎实工作，使创建活动取得了良好的成效，文明施工也由"要我创"转变为"我要创"。截至2017年年底，陕西建工集团共创建省级文明工地1524个，占全省的40.5%；建成市级文明工地超过3000个；创建"建设工程项目施工安全生产标准化工地"（原AAA级安全文明标准化工地）107个（图1-2）。陕西省创建文明工地现场会主会场多数在陕西建工集团施工现场召开，历次现场会的观摩工地均有陕西建工集团施工的工地，陕西建工集团创建文明工地及省观摩工地的数量始终位居全省前列，在全国也处于领先水平。

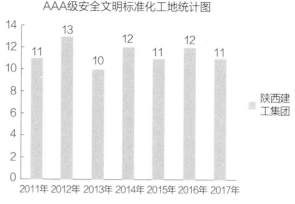

AAA级安全文明标准化工地统计图

图1-2 建设工程项目施工安全生产标准化工地统计

1.3 文明施工管理体系

1.3.1 文明施工管理体系组织架构（图1-3）

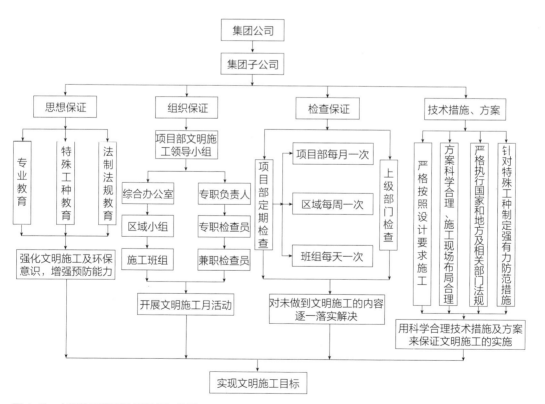

图1-3 文明施工管理体系组织架构图

1.4 文明工地申报程序（备案）及创建要求

1.4.1 申报面积：

1 区（县）级文明工地申报条件：请参照项目所在地区（县）建设主管部门要求执行。

2 市级文明工地申报条件：

（1）房屋建筑工程，市区单位工程建筑面积在5000m²以上（含5000m²），其余区县工程建筑面积在2000m²以上（含2000m²）。

（2）不具备以上申报条件，但具有相当规范和良好社会效益的工程，如标志性、纪念性建筑物等。

（3）按照有关规定应当创建市级优质工程的大中型公用建筑、政府投融资项目，必须按规定创建市级文明工地。

3 省级文明工地申报条件：以陕西省为例，其他省市项目请以项目所在地要求执行；

（1）房屋建筑工程，省会城市城区内申报面积为20000m²以上（含本数、下同）；其他各设区市（区）城区内申报面积为10000m²以上；各县（市）申报面积为6000m²以上。

（2）市政桥梁工程申报按造价1500万元以上，市政道路工程申报按长度1500m以上。

（3）地铁场站工程申报按造价面积10000m²以上，盾构和顶管工程申报按单线长度1000m以上。

1.4.2 申请备案：

1 区（县）级文明工地备案要求：请参照项目所在地区（县）建设主管部门要求执行。

2 市级文明工地备案要求：以西安市为例，其他市级申报请以项目所在地要求执行。

市级文明工地由施工总承包企业申报，专业承包企业可与施工总承包企业联合申报，不得另行申报。申报工程项目为企业中标范围内的所有单位工程，不得将同一施工现场内的多个单位工程分割申报。

市级文明工地申报时限为工程开工一个月内，施工进度多层在正负零以下，高层在二层以下方可备案，逾期申报一律不予受理。

3 省级文明工地备案要求：以陕西省为例，其他省市项目请以项目所在地要求执行。

拟申报省级文明工地的工程，应由施工总承包企业填写"省级文明工地（房建工程）备案表"或"省级文明工地（市政工程）备案表""省级文明工地（轨道交通工程）备案表"，经工程所在地设区市质量安全监督机构和建设行政主管部门备案并盖章同意后，直接报省级建设工程质量安全监督总站进行备案。房屋建筑工程应在主体工程施工前进行备案，其他工程应在工程开工后20个工作日内进行备案（表1-1）。

陕西省文明工地（房建工程）备案表填写范例   表 1-1

工程名称	×××工程		工程概况	建筑面积		工程合同建筑面积
工程地址	工程合同地址			结构形式		工程合同结构形式
建设单位	工程合同建设单位			层数		工程合同层数
监理单位	工程合同监理单位			工程造价		工程合同造价
设计单位	工程合同设计单位			形象进度		基础施工
监督机构	×××质量安全监督站			开工竣工	日期	开工日期
						合同竣工日期
施工许可证	建设单位提供		发证机关			×××建设局
主承建单位	单位名称		安全生产许可证号			单位安全生产许可证号
企业技术负责人	×××	安全考核合格证号		×××		

项目经理	×××	资格证书编号 注册编号 安全考核合格证号 电 话	××× ××× ××× ×××	安全员	×××	上岗证号	×××
						安全证号	×××
项目副经理	×××	资格证书编号 注册编号 安全考核合格证号 电 话	××× ××× ××× ×××	安全员	×××	上岗证号	×××
						安全证号	×××
项目副经理	×××	资格证书编号 注册编号 安全考核合格证号 电 话	××× ××× ××× ×××	安全员	×××	上岗证号	×××
						安全证号	×××

施工企业意见： 同意申报 施工企业盖章 年 月 日	监理单位意见： 同意申报 监理单位盖章 年 月 日	建设单位意见： 同意申报 建设单位盖章 年 月 日

市（区）质量安全监督机构意见：

公 章
年 月 日

市（区）建设行政主管部门公章
年 月 日

陕西省建设工程质量安全监督总站备案专用章
年 月 日

注：1. 提供施工企业资质证书、安全生产许可证、建筑工程施工许可证、建筑工程安全生产备案书、人身意外伤害保险单、质量监督手续、建造师（项目经理）证书及安全生产考核合格证、安全员上岗证及安全生产考核合格证的复印件加盖企业公章，同本表一式三份，逐级上报至陕西省建设工程质量安全监督总站备案。

2. 陕西省级文明工地在城市规划区内申报面积为西安市 20000m² 以上（含），其他各市（区）城区内为 10000m² 以上，各县（市、区）为 6000m² 以上。

3. 房屋建筑工程应在主体工程施工前、其他工程应工程开工后 20 个工作日内进行登记备案。

4. 1 万 m² 以下的工程，设一名安全员，1 万～5 万 m² 的工程，设不少于两名安全员；5 万 m² 以上的工程（含 5 万 m²），设不少于三名安全员，且按专业配备。

5. 创建文明工地计划和工程形象进度计划另附材料。

006   文明施工实施指南

1.4.3 申报验评

已申请备案创建省级文明工地的工程，在完成距主体封顶约80%的工作量前，由施工总承包企业向工程所在地设区市建设行政主管部门提出验评申请，由主管部门统一分批向省厅申请验评，同时抄送省级建设工程质量安全监督总站。省级建设工程质量安全监督总站收到验评申请后，组织专家对省级文明工地验评，验评应依照标准分别对施工、建设、监理单位进行（验评表详见第八章文明工地验收评审附件一～附件五）。经验评合格的，由省级建设工程质量安全监督总站分批统一上报省级建设主管部门，由省级建设主管部门审核发布。

1.4.4 备案流程（图1-4）

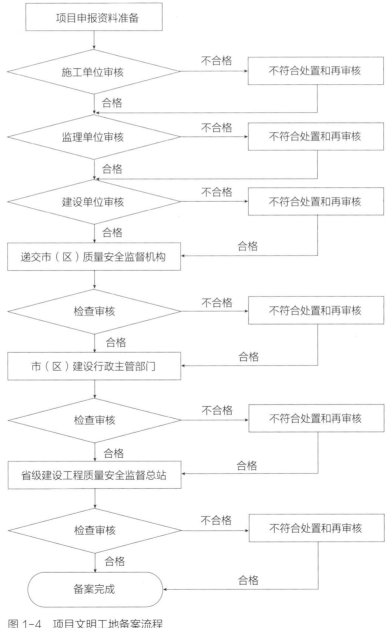

图 1-4 项目文明工地备案流程

1.4.5 创建要求:

创建文明工地活动是落实科学发展观的具体行动,是创建文明城市、实现社会文明的重要组成部分,是实施企业品牌战略、做大做强企业的有效途径。建筑施工单位及项目经理部应切实提高对创建工作重要性的认识,认真落实创建责任,努力提高创建水平。

1 推动文明工地创建活动深入开展,坚持以人为本,以安全为重点,以质量为核心,以科技创新为动力,是创建文明工地活动的核心,建筑施工单位及项目经理部应持之以恒,常抓不懈,推动创建文明工地活动深入健康发展。

2 依靠科技进步,突出节能环保,提升文明工地创建水平。

（1）推广新技术。在文明工地创建活动中应积极推广使用《建设事业"十三五"重点推广应用技术目录》中的以下新技术:

临时用电技术:透明塑壳断路器、电子式和电磁式漏电断路器（电磁式和电子式漏电保护器是集电路隔离、过载、短路和漏电保护功能为一体的组合电器）,弧焊变压器防触电装置、标准配电箱。

垂直运输机械技术:SC、SS型施工升降机。

（2）应用新技术:凡进行创建文明工地备案的工程,新技术应用必须达到住房城乡建设部公布的《建筑业10项新技术》中的六项以上。

（3）实施定型化安全防护设施。创建文明工地的工程必须使用标准化、定型化、工具化、可周转使用的安全防护设施和生活设施,主要包括临边防护、洞口防护、隔离围挡、防护棚、作业车间、楼层安全门、活动房屋、饮水亭、吸烟室、临时卫生间等设施。

（4）提升信息化管理水平。充分发挥信息化在施工技术和管理方面的作用,进一步完善远程监控系统,建立以项目经理部为终端、以企业为平台、连接监督管理部门的数字式远程监控网络体系,实现解决异地施工技术难题、会议、文件发布、查阅资料、安全教育以及检查现场安全生产状况等;淘汰落后的模拟式、单视频的监控设备。

（5）突出节能环保。文明工地应大力推广应用节能、节水型设备和器具,强化废水、废料回收利用;淘汰高耗能、技术落后的电器和设备;现场道路和堆料场地应硬化,其他场地应绿化或固化;堆土及粉尘建筑材料应覆盖或密闭存放;现场木材加工（电锯、电刨等）、混凝土搅拌等有扬尘和噪声的场所应进行封闭;鼓励实行组装式大门、围墙和活动房等可周转使用的临时设施,减少建筑材料资源浪费和建筑垃圾处理;楼层建筑垃圾必须用容器或管道清运,现场垃圾应分类存放,密闭运输。充分利用垃圾中的废旧资源,实现建筑工地垃圾减量化排放、资源化利用、无害化处理。

3 对触犯"严厉打击工程质量安全违法行为,加强全面工程质量监管"要求,并整改不力及严重违法违规的项目,实行文明工地验收一票否决制。

4 对违反有关"治污减霾"及"扬尘治理"相关法律、法规或相应条款要求,且整改不力及严重违法违规的项目,实行文明工地验收一票否决制。

5 有下列情况之一的,不得进行省级文明工地验评:

该工程主体大部分已完成内外粉刷，无法对其主体结构工程进行检查的；建筑物高度达到8层或25m仍未安装使用施工电梯的；装配式活动房为3层及以上的；脚手架已拆除或悬挑式脚手架超高（超过4层建筑物或15m）的；使用淘汰型或超年限起重机械设备的，监控设备不符合要求的；发生过安全事故或已发现有违反法律法规行为的。

第 **2** 章

文明施工策划

2.1 指导思想和意义

文明施工的指导思想是认真贯彻"安全第一、预防为主、综合治理"方针,坚持以人为本,以科技创新为动力,以科学管理为重点,以落实安全生产责任制为核心,建立健全建筑施工企业质量管理、职业健康安全管理和环境管理体系。文明施工是建筑施工企业综合管理水平的直观反映,是企业展示综合实力的窗口,对提高企业美誉度和市场竞争力,具有十分重要的意义。

2.2 策划原则

2.2.1 推行文明施工是建筑施工企业实施品牌战略、践行社会责任、规范项目管理、实现绿色发展的有效途径。

2.2.2 坚持以人为本,以安全为重点,以质量为核心,以科技创新为动力,实现资源节约型、环境友好型、人与自然和谐的文明施工现场环境。

2.2.3 坚持施工现场管理的标准化、规范化、精细化、绿色化、信息化和人文化,实现智慧建造、安全生产、文明施工、绿色施工,体现科学、合理、简洁、经济原则。

2.2.4 文明施工管理应实现施工管理规范、安全管理达标、工程质量优良、环保节能突出、管理成效显著、文明绿色施工氛围浓厚等内容。

2.2.5 积极推广应用建筑业"四新"技术和创新技术,推进建筑产业现代化。

2.2.6 应建立健全文明施工管理体系,设立专门创建机构,全员参与,细化分工,落实创建责任和奖罚措施。

2.2.7 应编制项目文明施工策划书,对施工现场及项目实施的各阶段统筹安排,实施常态化检查、阶段性验收和总结,不断提升创建水平。

2.2.8 现场平面布置应统一策划部署,营造规范的现场文明施工氛围。

2.2.9 结合行业特点和要求,推行样板引路制度,明确各分部分项质量通病预控及治理措施,持续提高工程质量水平。

2.2.10 文明施工管理应坚持因地制宜、适用节约的原则,反对不切实际,严禁铺张浪费。

1 应对采用的做法、设备和材料进行优化和完善,确保施工过程安全文明、质量保证,实现建筑产品的安全性、可靠性、适用性和经济性。应采用绿色建材和设备,节约资源,降低消耗,控制环境污染。严禁使用淘汰落后或超年限的施工机械设备。

2 围绕基础、主体、装饰等各个阶段的不同特点,以安全管理标准化、质量一次成优、控制扬尘、隔声降噪、光污染预防、地下水和雨水收集利用、缩短材料运距、降低材料消耗等为管理重点。

2.3 编制依据

2.3.1 相关国家法律法规、技术规范标准及规定见表2-1。

相关国家法律法规、技术规范标准及规定一览表　　　　　表 2-1

序号	类别	文件名称	编号
1	国家法律	《中华人民共和国安全生产法》（2014年修正）	中华人民共和国主席令第十三号
2		《中华人民共和国建筑法》（2011年修正）	中华人民共和国主席令第四十六号
3	国家和行业规范	《建筑卷扬机》	GB/T1955—2008
4		《安全帽》	GB2811—2007
5		《安全色》	GB2893—2008
6		《安全标志及其使用导则》	GB2894—2008
7		《塔式起重机安全规程》	GB5144—2006
8		《安全网》	GB5725—2009
9		《起重机械安全规程 第一部分 总则》	GB6067.1—2010
10		《安全带》	GB6095—2009
11		《污水综合排放标准》	GB8978—1996
12		《建筑施工场界环境噪声排放标准》	GB12523—2011
13		《钢管脚手架扣件》	GB15831—2006
14		《建设工程施工现场供用电安全规范》	GB50194—2014
15		《建设工程项目管理规范》	GB/T50326—2017
16		《建筑施工组织设计规范》	GB/T50502—2009
17		《建筑工程绿色施工评价标准》	GB/T50640—2010
18		《建设工程施工现场消防安全技术规范》	GB50720—2011
19		《工程施工废弃物再生利用技术规范》	GB/T50743—2012
20		《建筑工程绿色施工规范》	GB/T50905—2014
21		《建筑施工脚手架安全技术统一标准》	GB51210—2016
22		《建筑机械使用安全技术规程》	JGJ33—2012
23		《施工现场临时用电安全技术规范》	JGJ46—2005
24		《建筑施工安全检查标准》	JGJ 59—2011
25		《施工企业安全生产评价标准》	JGJ/T77—2010
26		《建筑施工高处作业安全技术规范》	JGJ 80—2016
27		《龙门架及井架物料提升机安全技术规范》	JGJ88—2010
28		《建设施工扣件式钢管脚手架安全技术规范》	JGJ130—2011
29		《建设工程施工现场环境与卫生标准》	JGJ146—2013
30		《施工现场机械设备检查技术规程》	JGJ160—2016
31		《建筑施工碗扣式钢管脚手架安全技术规范》	JGJ166—2016
32		《施工现场临时建筑物技术规范》	JGJ/T188—2009
33		《建筑施工塔式起重机安装、使用、拆卸安全技术规程》	JGJ196—2010

序号	类别	文件名称	编号
34	国家和行业规范	《建筑施工工具式脚手架安全技术规范》	JGJ202—2010
35		《建筑工程施工现场标志设置技术规程》	JGJ348—2014
36		《污水排入城镇下水道水质标准》	CJ343—2010
37	国家行政文件	《建筑安装工人安全技术操作规程》	国家建筑工程总局〔80〕建工劳字第24号
38		《建筑起重机械安全监督管理规定》	中华人民共和国建设部令第166号
39		《建筑工程施工许可管理办法》	中华人民共和国住房和城乡建设部令第18号
40		《危险性较大的分部分项工程安全管理规定》	中华人民共和国住房和城乡建设部令第37号
41		《施工现场安全防护用具及机械设备使用监督管理规定》	建建〔1998〕164号
42		《建筑施工特种作业人员管理规定》	建质〔2008〕75号
43		《建筑起重机械备案登记办法》	建质〔2008〕76号
44		《建筑施工企业安全生产管理机构设置及专职安全生产管理人员配备办法》	建质〔2008〕91号
45		《房屋市政工程生产安全事故报告和查处工作规程》	建质安〔2013〕4号
46		《关于推进建筑业发展和改革的若干意见》	建市〔2014〕92号
47		《建筑施工安全生产标准化考评暂行办法》	建质〔2014〕111号
48		《关于进一步加强和完善建筑劳务管理工作的指导意见》	建市〔2014〕112号
49		《建筑工程施工转包违法分包等违法行为认定查处管理办法（试行）》	建市〔2014〕118号
50		《关于印发工程质量安全提升行动方案的通知》	建质〔2017〕57号
51		《建筑业10项新技术（2017版）》	建质函〔2017〕268号
52		《住房城乡建设部办公厅关于实施＜危险性较大的分部分项工程安全管理规定＞有关问题的通知》	建办质〔2018〕31号
53	地方行政文件	《陕西省建设厅关于建立创建优质工程和文明工地激励机制的通知》	陕建发〔2008〕246号
54		《陕西省住房和城乡建设厅关于进一步深化创建文明工地活动的通知》	陕建发〔2010〕105号
55		《陕西省住房和城乡建设厅关于进一步加强建筑施工企业质量和安全主体责任的通知》	陕建发〔2014〕82号
56		《陕西省住房和城乡建设厅关于对全省建筑施工现场关键岗位人员实施实名制管理的通知》	陕建发〔2014〕194号
57		《陕西省建筑施工安全生产标准化考评实施细则》	陕建质发〔2017〕63号
58		《关于增加建设工程扬尘治理专项措施费及综合人工单价调整的通知》	陕建发〔2017〕270号
59	行业协会文件	中国建筑业协会建筑安全分会《建设工程项目施工工地安全文明标准化评价办法（试行）》	建协安〔2015〕2号
60		中国建筑业协会建筑安全分会《大力推进建设项目施工工地安全标准化建设的实施意见（试行）》	建协安〔2017〕4号

2.3.2 陕西建工集团相关管理规定：

    1《创建鲁班奖工程细部做法指导》；

    2《建筑工程质量常见病诊治要点》；

    3《文明施工标准化手册》；

    4《施工现场临时设施标准化手册》；

    5《建筑工程绿色施工实施指南》；

    6《建设工程施工治污减霾管理指南》；

    7《企业品牌视觉识别指导手册》。

2.3.3 有关项目资料：

    1 项目合同，招投标文件，预算报价；

    2 项目设计图纸资料；

    3 项目所在地水文气候资料。

2.4 确定管理目标

2.4.1 质量管理目标可以设定为：工程质量满足法律法规和合同要求，工程质量合格，省级优质工程奖，国家优质工程奖，中国建设工程鲁班奖（国优工程）等。

2.4.2 文明施工目标可以分别设定为：创建市级、省级文明工地，建设工程项目施工工地安全文明标准化工地等。

2.4.3 安全生产控制目标/指标可以设定为：

    1 事故控制目标：

    （1）杜绝重伤及以上事故。

    （2）年轻伤事故率控制在千分之四以内。

    （3）杜绝直接经济损失××万元及以上生产安全事故。

    2 安全管理目标：施工现场安全标准化考评达到优良。

    3 职业病预防控制目标：预防职业病的发生，对易产生职业病的岗位控制率100%。

2.4.4 环境管理目标可以设定为：

    1 污染固废物100%回收处理。

    2 严格控制噪声排放。

    3 施工废水二次处理达标排放。

    4 杜绝放射性泄漏污染。

    5 及时修整、恢复施工过程中受到破坏的生态环境。

    6 施工生活区废水达到二级排放标准。

2.4.5 绿色施工管理目标可以设定为：创建市级、省级绿色施工示范工程，全国建筑业绿色建造暨绿色施工示范工程，住房城乡建设部绿色施工科技示范工程等。

2.5 策划工作流程

2.5.1 文明施工管理策划工作流程（图2-1）

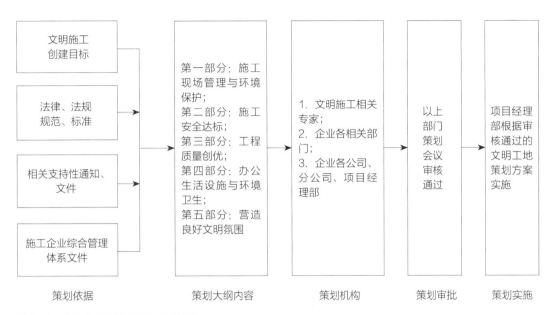

图 2-1 文明施工管理策划工作流程

2.6 文明施工管理策划基本要求

建设工程项目应在中标后开工前，建筑施工企业和项目经理部应及时确定文明施工管理目标，并根据《建筑施工安全检查标准》JGJ 59—2011、《危险性较大的分部分项工程安全管理规定》（中华人民共和国住房和城乡建设部令第37号）等规定对工程项目按照既定目标进行文明施工管理综合策划。

项目经理部应严格按照审批通过的文明施工管理策划对工程项目前期准备、主体施工、装饰装修等阶段进行布置实施，同时对工程施工整个过程进行动态管理。特别是对于危险性较大的分部分项工程的管理，应按照相关要求编制专项方案并论证，确保安全生产。

2.7 文明施工管理策划大纲

文明施工管理策划编写大纲可参考以下实例：

××项目文明施工管理策划大纲

编制：×××

审核：×××

批准：×××

编制单位：×××

编制时间：××××年××月××日

目　　录

第一部分　工程概况

一、工程概况

1．工程简介

各项目根据工程实际情况填写工程简介内容。

2．责任主体单位

建设单位：×××公司

设计单位：×××设计院

勘察单位：×××公司

监理单位：×××监理公司

施工总承包单位：×××公司

二、工程管理目标

1．质量管理目标：

2．文明施工目标：

3．安全生产控制目标/指标：

4．环境管理目标：

5．绿色施工管理目标：

三、文明施工管理体系

工程开工初期，项目经理部成立由项目经理任组长的文明工地创建领导小组。项目参建各方应高起点、高标准、统一规划、统一标准、统一要求，细化职责、明确责任，在认真策划的基础上扎扎实实地开展文明工地创建工作。创建领导小组按照创建文明工地标准与建设单位、监理单位、分包单位保持紧密联系，及时了解信息、征求意见、总结经验，提高项目创建文明工地的整体水平。

项目文明施工策划效果图见图2-2，文明施工管理体系组织机构见图2-3。

图2-2 项目文明施工策划效果图

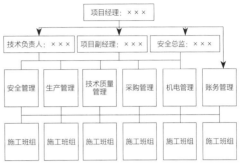

图2-3 文明施工管理体系组织机构图

第二部分 施工现场管理与环境保护

一、资质证件与施工组织设计

1．施工许可证。

2．资质证件。

3．施工组织设计。

4．上岗证件。

5．实名制管理。

6．建筑施工项目安全生产标准化自评。

二、标准化设施

1．现场布局合理。

2．工地围墙采用标准化硬质封闭。

3．大门制作定型化，坚固美观。

4．门禁系统采用指纹或面部识别。

5．标识清晰规范。

三、绿色施工

1．车辆冲洗设备节水环保。

2．道路硬化平坦。

3．节能。

4．节水。

5．节材。

6．节地。

7．环境保护。

8．工完场清。

9．扬尘治理。

四、标牌标识与安全警示

1．"八牌二图"。

2．施工区域标志醒目。

3．危险区域禁令明显。

4．机械设备有操作规程牌。

5．临街、楼面有文明礼貌标语标识。

6．现场管理人员挂牌上岗。

五、环境保护

1．严禁焚烧废弃物、建筑垃圾分类存放、清理。

2．材料加工等场所采取防尘降噪措施。

3. 预防水土和大气污染等环保措施。

4. 现场饮水供应。

六、防火防爆防毒

1. 易燃易爆材料分类、分库存放。

2. 消防措施到位。

3. 压力容器管理措施。

4. 明火作业。

5. 防毒措施。

第三部分　施工安全达标

一、安全管理

1. 安全保证体系有效发挥。

2. 安全责任制落实到位。

3. 专项方案编制、审批和执行。

4. 安全检查、教育、交底制度。

5. 特种作业人员持证上岗。

6. 事故预控措施有针对性。

二、脚手架与平台

1. 脚手架搭设形式满足施工要求。

2. 材质符合质量要求。

3. 搭设质量达到规范要求。

4. 设计、计算、检查、验收符合规定。

5. 转料平台符合规范要求（各类脚手架检查验收标准均按对应规范标准执行）。

三、施工用电

1. 采用TN-S系统配电，做到三级配电二级保护。

2. 配电室建筑符合要求。

3. 线路架设、埋设符合标准。

4. 开关箱、电器元件质量符合标准，位置正确、安装有序。

5. 漏电保护器参数按规定配置。

6. 用电管理责任落实。

7. 照明符合安全要求。

8. 防雷装置符合规程。

四、"三宝与四口"防护

1. 安全防护符合要求。

2. 安全帽、安全带、安全网、密目网防护用品符合质量标准，证件齐全。

五、模板支撑与施工荷载

1. 模板支架符合安全质量要求。

2. 施工层、架子、平台等处堆放荷载禁止超过限值。

六、起重提升设备

1. 起重设备必须符合现行国家标准、行业标准。

2. 起重设备技术性能符合要求。

3. 起重设备安装完毕后应有验收、有管理。

4. 起重设备安全防护齐全、有效。

七、中小型机械设备

1. 设备管理。

2. 设备进场验收。

3. 安全防护装置齐全、有效。

4. 维修、保养、运转正常。

第四部分 工程质量创优

一、质量管理

1. 工程质量创优目标、计划及措施。

2. 施工组织设计的编制、审核、批准及重要分部（分项）工程的施工方案。

3. 项目质量保证体系、质量控制措施及质量管理制度。

二、计量管理

1. 现场采用预拌混凝土、干混（预拌）砂浆。无预拌混凝土供应的地区，8层（包括）以上及10000m²（包括）以上的工程混凝土拌制应用微机计量，8层以下及10000m²以下应用电子磅秤计量；无干混（预拌）砂浆供应的地区，砂浆应集中拌制，其中砌筑砂浆拌制应用电子磅秤计量。

2. 检测、计量器具校验。

3. 计量设备安放位置应正确，应有专人操作并做好记录。

4. 计量设备台账应齐全、完整、有效。

5. 施工现场建立标准养护室。

三、地基与基础工程质量

1. 地基及基础工程的施工质量记录。

2. 桩基工程施工记录及检测报告。

3. 灰土垫层施工记录及检测报告。

4. 筏板基础施工记录。

四、主体结构工程质量

1. 模板工程

（1）支模体系的设计及计算。

（2）模板工程施工质量。

2. 钢筋工程

（1）钢筋、焊条、焊剂、套筒原材质量。

（2）钢筋制作、绑扎、定位措施。

（3）钢筋的品种、规格、数量、间距、尺寸及锚固长度。

（4）钢筋保护层厚度。

（5）浇筑混凝土时钢筋保护。

3. 混凝土工程

（1）梁、柱、板、墙节点上下接槎处施工缝留置。

（2）混凝土楼板、楼梯、踏步及洞口预留。

（3）混凝土的搅拌、浇筑、养护及试件留置。

（4）混凝土预制部品构件安装质量。

（5）混凝土季节性施工措施。

（6）钢结构构件制作、安装。

（7）混凝土结构后锚固连接质量。

4. 砌体工程

（1）砌筑方法及皮数杆设置。

（2）砌筑砂浆灰缝厚度及饱满度。

（3）预留拉接筋的规格、数量、长度、间距。

（4）轻质隔墙的安装、质量。

5. 水电管道预留预埋

（1）配电箱（盒）安装。

（2）电气导管预埋。

（3）水暖管道穿墙、板、梁预留洞。

（4）穿墙套管安装。

（5）穿越变形缝柔性连接接头设置。

6. 检测管理

（1）检测单位资质。

（2）检测合同及委托单。

（3）相关检测项目检测方案的编制、审核、批准。

（4）检测报告。

7. 工程技术资料

（1）资料收集同步、齐全、真实可

信，分类整编。

（2）原材合格证及复试报告齐全、真实、有效。

（3）验槽、基础、主体工程验收记录签字、盖章齐全。

（4）见证取样制度执行情况。

（5）建筑物沉降观测记录。

（6）工程技术人员资格证，操作人员上岗证齐全有效。

第五部分 办公生活设施与环境卫生

一、办公设施标准化

1．办公区、生活区与施工区明显划分隔离，建筑物符合标准。

2．临时建筑房屋选址合理，并符合节能、环保、安全、消防要求和国家有关规定。

3．设置监控室。

二、食堂管理

1．食堂管理制度健全。

2．食堂有餐饮服务许可证、炊事人员持健康证上岗。

3．食堂建筑符合要求。

4．食堂卫生达到标准。

5．有冷藏消毒设备、生熟食品分案操作。

6．有除"四害"措施。

7．设置排水沟、隔油池。

8．炊事机具安全，消防设施到位、有效。

9．食堂设置排风及油烟净化装置。

10．建立食物留样制度。

三、宿舍管理

1．宿舍建筑符合标准。

2．宿舍与施工区明显隔离、设置疏散楼梯。

3．宿舍内通风、采光、卫生、安全符合规定。

4．宿舍管理制度，住宿人员及卫生值日名单张贴在醒目处。

5．宿舍住宿符合规定，宿舍内配备个人物品存放柜。

6．宿舍采用节能灯具，用电规范。

四、卫生间管理

1．卫生间选址合理，建筑符合标准。

2．卫生达标。

3．8层（包括）以上建筑每隔4层设简易卫生间。

4．卫生间应为水冲式或移动式，内有照明，蹲坑设置隔离。

5．有卫生管理制度，有人负责清扫管理。

6．排污符合要求。

7．采用节水器具。

五、浴室管理

1．浴室建筑安全。

2．浴室有管理制度，浴室设施齐全、功能良好，符合安全、卫生要求。

六、卫生防疫

1．达到国家建筑卫生要求。

2．有卫生、急救预案，并有相应应急演练。

3．配备常用药及绷带、止血带、担架等急救器材。

4．防暑降温措施到位。

七、环境卫生

1．办公、生活环境整洁卫生。

2．垃圾定点分类堆放、及时清运。

3．盥洗设施应满足要求。

4．除"四害"措施到位。

第六部分　营造良好文明氛围

一、文明教育

1．签订文明施工协议。

2．进行职工文明教育。

3．规范文明行为。

二、综合治理

1．无重大治安、扰民事件。

2．生产区门禁识别。

3．签订治安、防火、环保协议。

三、宣传娱乐

1．营造健康有益的宣传氛围。

2．开展文体娱乐活动。

3．开展安全环保宣传活动。

四、项目文化建设

1．班组间开展文明竞赛活动。

2．建立职工业余教室。

第3章

施工现场管理与环境保护

3.1 施工现场管理实施要点

3.1.1 基本规定

1 建立施工现场管理体系,实施目标管理。

(1)施工单位应根据工程性质、规模、特点任命项目经理,且根据建设行政主管部门要求配置各岗位管理人员,组建以项目经理为第一责任人的项目经理部组织机构,负责施工现场全面管理;项目经理部管理人员职责分工明确,认真落实法律法规、行业规范及现场各项方案、措施。

(2)创建文明工地的工程项目经理部应建立以项目经理为第一责任人的文明工地领导小组,负责文明施工的实施,将文明施工各项方案、措施逐步实施。

(3)项目经理部应建立以项目经理为第一责任人的消防安全领导小组,建立健全消防安全责任制,逐级落实消防安全责任。

(4)项目经理部应建立以项目经理为第一责任人的劳务管理领导小组,建立健全劳务实名制管理;项目经理部应设置一名项目副经理作为劳务管理工作的分管领导,专职或兼职主管劳务日常管理工程。

2 健全施工现场管理制度。

根据《建筑施工安全检查标准》JGJ 59—2011、《建设工程施工现场环境与卫生标准》JGJ 146—2013、《陕西省文明工地验评标准》的内容,制定各项管理制度、措施一览表(表3-1)。

施工现场管理相关制度、措施一览表① 表 3-1

序号	管理制度名称	编号	序号	管理制度名称	编号
1	工程项目管理人员岗位职责	附 3-1-1	13	防火防爆防毒管理制度	附 3-1-13
2	职工培训制度	附 3-1-2	14	有毒作业管理制度	附 3-1-14
3	安全生产标准化自评管理制度	附 3-1-3	15	易燃易爆危险品安全管理制度	附 3-1-15
4	施工现场平面管理规定	附 3-1-4	16	有毒物品保管发放管理制度	附 3-1-16
5	施工现场封闭管理制度	附 3-1-5	17	有毒有害物品使用及防毒措施	附 3-1-17
6	门卫管理制度	附 3-1-6	18	施工现场严禁吸烟规定	附 3-1-18
7	分包安全管理制度	附 3-1-7	19	治安保卫管理制度	附 3-1-19
8	场容场貌管理制度	附 3-1-8	20	施工现场消防安全管理制度	附 3-1-20
9	标识标牌管理制度	附 3-1-9	21	施工现场消防教育培训制度	附 3-1-21
10	施工现场安全标志及安全色使用规定	附 3-1-10	22	消防器材定期检查制度	附 3-1-22
11	施工现场管理人员挂牌上岗制度	附 3-1-11	23	施工现场动火作业管理制度	附 3-1-23
12	工完场清管理制度	附 3-1-12			

注:①附表3-1-1~附录3-1-23可点击本书配套资源获取,具体网址可参考本书文前第2页。

3 施工现场资料管理职责。

（1）建设、施工、监理等单位应将形成的施工现场管理资料纳入工程建设管理的各个环节，对施工现场安全资料的真实性、完整性和有效性负责。

（2）施工现场管理资料应随工程进度同步收集、整理，并保存到工程竣工。

（3）施工总承包单位应督促检查各分包单位编制施工现场管理资料；施工分包单位负责其分包范围内施工现场管理资料的编制、收集和整理，并应及时向施工总承包单位提供备案。

3.1.2 施工现场管理要点

1 建设单位应当向施工单位提供施工现场及毗邻区域内的供水、排水、供电、供气、供热、通信、广播电视等地上、地下管线资料，气象和水文观测资料，毗邻建筑物和构筑物、地下工程的有关资料；施工单位应做好相关资料的收集、整理、归档。

2 因各地办理施工许可证的规定及要求有所不同，施工单位应依据相关要求提供资料，配合建设单位办理施工许可证，包括（不限于）：有效的工程中标通知书（原件）；有效的施工合同（原件）；建设工程质量监督手续和安全监督手续（原件）；施工组织设计；中标施工企业《安全生产许可证》、企业主要负责人、拟派项目负责人和现场专职安全生产管理人员的"安管人员"证书复印件；社会保险经办机构出具的《建设工程项目农民工参加工伤保险登记证》（复印件，原件核对）；法律、行政法规规定的其他条件。

3 施工组织设计是指导现场施工的纲领性文件，其应包括（不限于）编制依据、工程概况、施工部署、施工进度计划、施工准备与资源配置计划、主要施工方法、施工现场平面布置、主要施工管理计划、主要分部分项工程施工方案、确保工程质量及职业健康和安全管理的技术组织措施、安全文明施工措施、绿色施工措施等基本内容；其审批应符合国家、企业相关要求，实施应动态管理。

4 按照《危险性较大的分部分项工程安全管理规定》（中华人民共和国住房和城乡建设部令第37号）规定需进行专家论证的工程，施工单位应编制专项施工方案，并组织专家组进行论证审查。

5 市政工程、轨道交通工程施工建设前，施工单位应与管线管理单位签订管线保护协议，制订相应的防护措施，并纳入施工组织设计。同时根据工程性质、规模、特点以及施工现场情况编制施工现场应急预案。

6 施工现场实行建筑工人实名制管理（图3-1），项目经理部相关人员也应直接参与劳务日常管理工作；各项目经理部根据项目实际情况，编制《项目劳务管理方案》，根据各项任务分解，方案中应明确劳务管理领导小组成员和岗位职责，以及应急预案；劳务员应做好劳务管理内业资料的收集、整理、归档。

7 项目经理部应按照国家安全生产相关法律法规和规章，及各省市《建筑施工安全生产标准化考评实施细则》的规定，建立项目安全生产标准化自评机构，开展安全生产标准化每月自评工作，做好相关记录。

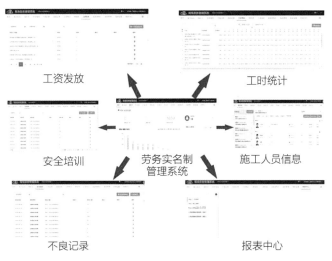

图 3-1　建筑工人实名制管理系统

8 项目经理部编制文明工地策划方案，方案中应明确文明施工目标，内容应涵盖相关要求。

9 项目经理部建立安全文明施工全员培训制度，并根据现场实际情况制定培训计划，过程中有实施记录，培训后以考试形式检验培训效果。

10 根据施工平面布置的原则及消防要求，制定施工现场平面管理规定。在开工前，项目经理部应绘制施工现场平面布置图、施工现场临时消防平面图，应严格依据施工平面布置图进行现场布置。

3.1.3　标准化设施实施要点

1 施工现场合理布局，施工区、办公区和生活区之间应有明显划分隔离，布置应美观简洁，经济环保、功能完善；施工区域应根据现场实际面积及安全消防要求，合理规划材料堆放区，并符合相关要求，布设施工现场总平面图和临时消防平面图。

2 施工现场周边应连续设置围挡，围挡施工应有验收记录，确保围挡正常有效使用；应保持围挡干净整洁，指派专人定期清洁（图3-2、图3-3）。

图 3-2　装配式围挡效果图

图 3-3　交通路口通透性围挡

3 市政工程施工时，不具备全封闭施工条件的，原则上应分幅、分时段、分路段施工。需占道施工的，应根据现场道路类型、施工周期及沿线交通等实际情况，制定安全保障方案，设置临时围护作业设施。

4 施工现场门卫室内各项管理制度到位，对外来人员、车辆进出入登记，记录应齐全有效（图3-4、图3-5）。

5 门卫室或施工区入口处设置门禁管理系统，管理人员及施工人员采用持证刷卡或面部识别方式方可进入施工现场。门禁管理包括门禁系统液晶显示器、LED显示屏、门禁管理系统、安全警示镜、安全提示牌、安全模特等（图3-6）。闸机数量应根据工地高峰期人员数确定并应设置紧急疏散通道。

6 项目经理部依托发放给施工现场施工人员的非接触式智能卡，对现场人员进行精细化管理，精确掌握人员考勤、各工种上岗情况、安全教育专项落实、违规操作、工资发放、食宿管理等情况，实现对现场施工人员全方位管理（图3-7、图3-8）。

7 施工现场根据作业环境搭设防护棚、通道，均应采用工具式，搭建完成后应进行安全验收，合格后方可投入使用（图3-9~图3-14）。

8 在市政工程施工现场，管线沟槽、排水沟或其他构筑物开挖基坑（开挖宽度较小）处，根据行人需求设置行人便桥；大型工程施工现场，包括在水中作业时，应根据需要设置通车的钢便桥作为施工便道（图3-15、图3-16）。

图 3-4 门卫室效果图

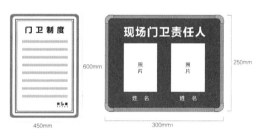

图 3-5 门卫责任人牌样式

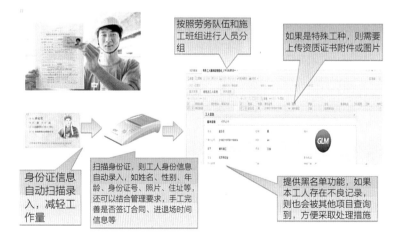

图 3-6 进场人员信息录入管理

图 3-7 一卡通系统图

图 3-8 一卡通系统功能

图 3-9 钢筋加工车间效果图

图 3-10 木工加工车间效果图

图 3-11 安全通道效果图

图 3-12 施工电梯防护棚效果图

图 3-13 机械防护棚效果图

图 3-14 配电箱防护棚效果图

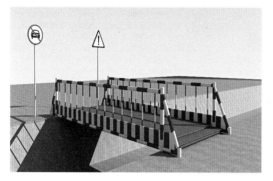

图 3-15 定型式便桥

图 3-16 简易式便桥

3.1.4 标牌标识标语、安全警示标识实施要点

1 八牌二图应设置在主出入口等施工现场醒目位置（图3-17、图3-18）。在工程施工过程中，应注意牌图完整和洁净，如因施工中造成破损污染等情况，应及时更换或清洁。

2 项目经理部应编制标牌标识清单，绘制标牌标识平面布置图，在施工现场应设置不可接受风险公示、责任人牌、安全警示标识标牌、机械设备操作规程牌、文明礼貌标语等标识标牌（图3-19～图3-24）。

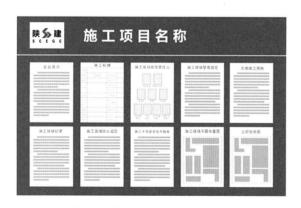

图 3-17 八牌二图样式效果图

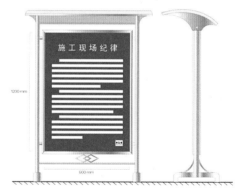

图 3-18 八牌二图单牌样式效果图

图 3-19 不可接受风险公示牌

图 3-20 安全禁止标牌

图 3-21 责任公示牌样式

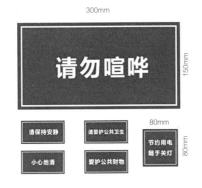

图 3-22　文明标语样式　　　　　图 3-23　操作规程牌样式　　　　图 3-24　管理人员工作牌样式

3.1.5　防火防爆防毒实施要点

1　项目经理部应建立防火、保卫制度及消防应急预案，并按规定设置消防、保卫设施。

2　易燃易爆危险品库房设置应在全年最小频率风向的上风侧，远离明火作业区、人员密集区和建筑物相对集中区域，防火间距不应小于15m，严禁烟火，并应设置相应的消防设施（图3-25）。

3　有毒有害材料库房应独立设置，距在建工程不小于15m，距临建房屋距离宜大于25m。地面应设置防潮隔离层，防止油料跑冒滴漏，造成场地土壤污染（图3-26）。有毒有害材料库房内应采取密闭、隔离、通风等措施。

4　项目经理部应单独编制施工现场消防安全专项方案，由施工单位审核、审批。严寒和寒冷地区的现场临时消防给水系统应采取保温防冻措施（图3-27）。施工阶段宜利用正式消防系统，实现永临结合。

5　消防泵房应采用专用消防配电线路。专用消防配电线路应自施工现场总配电箱的总断路器上端接入，且应保证不间断供电。

6　易燃易爆危险品存放及使用场所、动火作业场所、可燃材料存放、加工及使用场所、厨房操作间、锅炉房、发电机房、变配电房、设备用房、办公用房、宿舍等临时建筑

图 3-25　易燃易爆危险品库效果图

混凝土保护层
油毡防渗层
混凝土垫层

图 3-26　有毒有害材料储存示意图

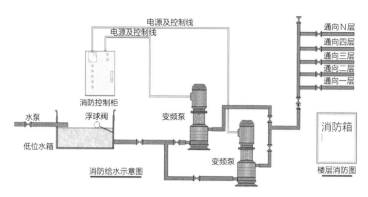

图 3-27　临时消防给水系统示意图

房屋应配备与场所可能发生火灾类型相匹配的消防器材，并有专人负责定期检查，确保完好有效（图3-28）。

　　7 施工现场应建立动火审批和作业制度，凡有明火作业的必须按分级动火审批的要求进行审批，专人监管（图3-29）。

（a）　　　　　　　　　　（b）

图 3-28　现场消防柜

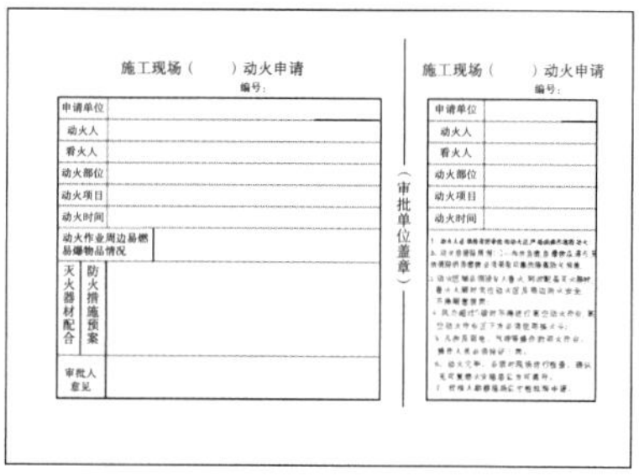

图 3-29　动火证样式

3.2　施工现场管理相关资料整编

　　施工过程中应根据相关要求，采集和保存施工过程管理资料、见证资料和检查记录等文明施工资料（表3-2）。

施工现场管理资料组卷目录[①]　　　　　　　　表 3-2

序号	工程管理资料名称	表格编号	提供单位（或人员）	完成时间
1	工程项目各项施工手续（立项文件）	/	建设、监理、施工单位	开工前
2	工程项目经理部组织机构及管理人员资格登记表	附表 3-1-1	施工单位	开工前
3	项目经理聘任书	/	施工单位	开工前
4	项目管理人员上岗证复印件	/	施工单位	开工前
5	项目管理人员劳动合同复印件	/	施工单位	开工前

序号	工程管理资料名称	表格编号	提供单位（或人员）	完成时间
6	项目管理人员社保、工资缴纳支付复印件	/	施工单位	全过程
7	工程项目施工组织设计	/	项目经理部	开工前
8	工程专项施工方案、施工管理制度	/	项目经理部	开工前
9	施工现场各类应急预案	/	项目经理部	开工前
10	文明工地领导小组成员及责任分工	/	项目经理部	开工前
11	消防安全领导小组成员及责任分工	/	项目经理部	开工前
12	劳务管理领导小组及责任分工	/	项目经理部	开工前
13	文明工地创建计划书	/	项目经理部	开工前
14	项目劳务管理方案	/	项目经理部	开工前
15	劳务人员管理相关资料	/	劳务分包单位	全过程
	劳务分包企业营业许可证、资质许可证、安全生产许可证	附表3-1-2		
	劳务分包合同	/		
	劳务交易备案登记表	/		
	项目施工劳务人员花名册	附表3-1-3		
	劳务人员备案通知书	/		
	劳务人员合同书	/		
	劳务人员身份证、岗位技能证书	/		
	劳务人员月度考勤表	附表3-1-4		
	劳务人员月度工资发放表	附表3-1-5		
16	工程安全生产标准化自评资料		项目经理部	全过程
17	安全生产培训记录	附表3-1-6	项目经理部	全过程
18	施工现场平面布置图	附表3-1-7	项目经理部	
19	施工现场临时消防平面图	附表3-1-8	项目经理部	
20	围挡合格证、检验报告、生产厂家相关资料粘贴单	/	项目经理部	
	施工现场围挡验收记录	附表3-1-9		
	施工现场围挡清洁记录	附表3-1-10		全过程
21	来访人员登记表	附表3-1-11	项目经理部	全过程
	进出车辆登记表	附表3-1-12		全过程
22	场容场貌检查记录	附表3-1-13	项目经理部	全过程
23	防护棚、通道搭设任务单	附表3-1-14	项目经理部	
	防护棚、通道搭设安全验收单	附表3-1-15		
24	围墙（围挡）、防护棚、安全通道影像资料粘贴单	附表3-1-16	项目经理部	
25	标识标牌设置清单	附表3-1-17	项目经理部	全过程
	标识标牌平面布置图	附表3-1-18		

序号	工程管理资料名称	表格编号	提供单位（或人员）	完成时间
26	机械设备操作规程牌、责任人牌统计表	附表 3-1-19	项目经理部	全过程
	施工现场各种技术安全操作规程粘贴单	附表 3-1-20		
27	施工现场施工作业管理人员胸牌粘贴单	附表 3-1-21		全过程
28	易燃易爆有毒物品入库登记表	附表 3-1-22	项目经理部	全过程
29	易燃易爆有毒物品发放登记表	附表 3-1-23	项目经理部	全过程
30	消防安全相关资料	/	项目经理部	全过程
	消防设施器材清单	附表 3-1-24		
	消防设施设置平面布置图	附表 3-1-25		
	消防设施器材检查记录表	附表 3-1-26		
	消防设施器材合格证粘贴单	附表 3-1-27		
	消防安全检查表	附表 3-1-28		
31	施工现场三级动火申请审批表	附表 3-1-29	项目经理部	全过程
32	防火教育记录	附表 3-1-30	项目经理部	全过程
33	防火定期安全检查记录	附表 3-1-31	项目经理部	全过程
34	施工管理实施过程见证资料		项目经理部	全过程

注：①附表 3-1-1 ～附表 3-1-31 可点击本书配套资源获取，具体网址可参考本书文前第 2 页。

3.3 环境保护实施要点

3.3.1 基本规定

1 建立绿色施工管理体系，实施各项目标管理。

（1）项目经理部应建立以项目经理为第一责任人的绿色施工实施小组，责任分工明确，将绿色施工各项方案、措施等逐步落实。

（2）项目经理部应建立以项目经理为第一责任人的建设工程项目施工治污减霾防治领导小组，明确各级、各工序治污减霾防治责任人，落实扬尘污染防治专项方案、管理制度及措施，并对工程施工全过程环境污染防治进行动态管理。

2 健全环境保护管理制度。

根据《建筑工程绿色施工规范》GB/T 50905—2014、《建筑工程绿色施工评价标准》GB/T 50640—2010、《陕西省文明工地验评标准》、国家相关环境保护标准、国家建设工程施工现场治污减霾相关法律法规及规章等内容，制定各项管理制度、措施一览表（表3-3）。

环境保护相关制度、措施一览表① 表 3-3

序号	管理制度名称	编号	序号	管理制度名称	编号
1	绿色施工培训制度	附 3-2-1	14	职业健康管理制度	附 3-2-14
2	施工现场环境保护管理制度	附 3-2-2	15	节材与材料资源管理制度及措施	附 3-2-15
3	洒水制度	附 3-2-3	16	限额领料管理制度	附 3-2-16
4	出入车辆冲洗制度	附 3-2-4	17	危险品的运输和装卸管理制度	附 3-2-17
5	生活区卫生管理制度	附 3-2-5	18	危废物品回收管理制度	附 3-2-18
6	施工噪声控制制度及措施	附 3-2-6	19	施工现场材料堆放管理制度	附 3-2-19
7	扬尘污染防治制度及措施	附 3-2-7	20	材料包装物回收制度	附 3-2-20
8	水污染防治制度及措施	附 3-2-8	21	节水与水资源利用制度及措施	附 3-2-21
9	光污染防治控制措施	附 3-2-9	22	节能与能源利用管理制度及措施	附 3-2-22
10	大气污染防治措施	附 3-2-10	23	机械设备使用管理制度	附 3-2-23
11	建筑垃圾控制制度	附 3-2-11	24	临时用电管理制度	附 3-2-24
12	建筑垃圾再利用管理制度	附 3-2-12	25	节地与施工用地保护管理制度及措施	附 3-2-25
13	作业条件及环境安全管理制度	附 3-2-13	26	绿色施工奖罚制度	附 3-2-26

注：①附表 3-2-1 ～附表 3-2-26 可点击本书配套资源获取，具体网址可参考本书文前第 2 页。

3.3.2 管理要求

1 项目经理部应依据工程实际情况，在开工前编制绿色施工策划书，并在施工组织设计中单独编制绿色施工相关章节，并应涵盖施工现场治污减霾技术措施。

2 项目经理部编制绿色施工专项方案，明确和细化绿色施工目标，将目标量化表达，阐述绿色施工专项技术与管理的具体内容，并应完整体现"四节一环保"等专项内容的具体措施；还应包括各专业绿色施工的技术措施和方法。

3 项目经理部依据工程实际情况，编制绿色施工"四节一环保"相应规章制度、激励和处罚措施，施工现场应有专人监督，落实到人，严格执行。并应定期对施工现场绿色施工管理工作进行检查，保证各项管理制度、措施有效运行。

4 项目经理部应制定治污减霾专项方案和应急预案，并应建立工程项目施工治污减霾防治工作检查制度，定期对工程项目施工治污减霾防治方案的实施情况进行检查和评估，对施工过程中存在的污染行为或状态进行原因分析，并制定相应的整改和防范措施。

5 工程技术交底中必须含有独立的绿色施工交底条款内容，应包括绿色施工的环保、安全、职业健康措施；节约材料措施；材料再利用措施；规定废材料尺寸。

6 项目经理部应定期组织绿色施工全员培训，并做好实施记录；在开工前，应结合工程特点，对项目管理人员、作业人员进行治污减霾措施的专项培训教育。

7 项目经理部应收集整理绿色施工相关的新技术、新设备、新材料、新工艺等相关资料，及取得的阶段性成果记录。

8 项目经理部应举行绿色施工（含治污减霾）专项会议，总结当期或现阶段取得的绿色施工（治污减霾）成效、开展过程中遇到的问题及后续工作。

9 项目经理部应定期收集绿色施工各项数据并分析、总结、比对；若发现问题，落实责任整改人，制定整改方案，持续改进。

10 施工现场应设置环境保护牌、扬尘治理管理公示牌，标明扬尘治理措施、责任人及监督电话等内容（图3-30）。

11 施工现场应设置各类型与绿色施工、治污减霾相关的标识标牌及标语，且放置、张挂醒目（图3-31）。

图 3-30　建设工程施工现场扬尘治理管理公示牌

图 3-31　建设工程施工工地环境保护监督公示牌

3.3.3　扬尘治理实施要点

1 施工现场应安装在线环境综合监测联动装置，对施工现场的PM_{10}、$PM_{2.5}$、噪声、温湿度、风速等进行监测，并与喷雾、雾炮降尘设施联动，分区域设定限值，当某一区域超过限值，自动开启降尘；同时实时向有关主管部门上传，提高治污减霾的科学性和针对性（图3-32、图3-33）。

2 施工现场应安装在线自动环境视频监测系统，对涉土工地主要污染物进行100%监测；部分扬尘污染敏感区域出土、拆迁工地应全部安装电子实时视频监控门禁系统（图3-34），并按分配的模块和权限接入治霾网格化管理平台。监测系统应实行24h值守制度，落实监控人员，发现问题及时调度处理。

图 3-32　施工现场环境综合监测装置

图 3-33　自动喷雾装置

3 施工现场应建立洒水清扫抑尘制度，配备必要的洒水设施。非冰冻期洒水降尘作业每天不应少于3次，冲洗每周不少于2次，应有专人负责，重污染天气时应酌情增加洒水频次；并应有实施记录。

4 施工现场应配备喷淋装置、洒水车、移动喷雾机等降尘设备（图3-35），在道路、围挡、脚手架等部位安装喷淋或喷雾等降尘装置。施工现场进行土方开挖、爆破、回填等易产生扬尘的作业时，必须在作业区域四周设置喷淋或喷雾降尘设施，实时喷淋或喷雾降尘。

5 建设工地大门内侧应设置冲洗台，配备全自动冲洗设施，冲洗区域周边应设置排水沟和沉淀池，及时对污水进行有组织回收。且冲洗平台尺寸不得小于3500mm×7500mm，自动冲洗设备应满足大型车辆冲洗要求；并应配备手动辅助冲洗设备，用于对车体的二次冲洗和出入口的保洁降尘，确保车辆清洁出场。明确专人负责对出场的运输车辆100%清洗，确保车辆不带泥上路（图3-36～图3-38）。

6 对砂石、水泥、粉煤灰、聚苯颗粒、陶粒、石灰、腻子粉、石膏粉等易产生扬尘污染的细颗粒物料，应采用仓库、储藏罐、封闭或半封闭堆场等形式分类密闭存放，且应严密遮盖，并设置洒水、喷淋、苫盖等综合措施进行抑尘。运输时应采用密闭车厢、真空罐车等密闭运输方式（图3-39～图3-42）。

7 项目经理部应选择取得经营许可的运输企业承担工程建筑垃圾、土方清运和土方回填工作，确保使用规范合格的运输车辆。施工现场清运土方、渣土的车辆，必须密闭作业，严禁使用未办理相关手续的渣土运输车辆，严禁沿路遗撒和随意倾倒。

图3-34　实时监控门禁系统

图3-35　施工道路喷淋

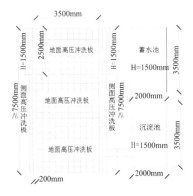

图3-36　三联式自动车辆冲洗台做法

图3-37　三联式自动车辆冲洗设施

图3-38　自动车辆冲洗防尘降噪棚

图 3-39　水泥库房

图 3-40　预拌砂浆防尘棚

图 3-41　密封式物料运输罐车

图 3-42　松散物料材料运输车辆

8　建筑物内应保持干净整洁，清扫垃圾时应洒水抑尘，并有实施记录，且严禁凌空抛掷和现场焚烧垃圾。禁止使用鼓风式除尘设备，推广使用吸入式除尘器或一体化除尘设备。

9　城市建成区范围建设工程施工现场应推广使用燃气、甲醇、电能、太阳能等清洁能源。禁止使用煤炭、汽柴油、木料等污染严重的燃料。

10　现场所有裸土区域、易产生粉尘的材料堆放区域应采用防尘密目网进行100%覆盖。非施工作业面的裸露地面、长期存放或超过一天以上的临时存放的土堆应采用防尘密目网进行覆盖，或采取绿化、固化措施。防尘密目网应使用绿色、不易损坏和风化的高密度密目网，网目数密度不应低于2000目/100cm^2（图3-43、图3-44）。

图 3-43　裸露土覆盖

图 3-44　种草绿化

11 施工现场应多绿化、少硬化，裸露土超过3个月的场地宜植草（可种植结缕草，盐碱地可种植果岭草）等生长周期短、成活率高、抑尘效果好的植物进行绿化。

12 对建筑物、构筑物实施拆除时，场地周边必须采用围挡封闭施工，并采取持续加压洒水、喷淋或喷雾等降尘措施，抑制扬尘污染，严禁开放式拆除作业。

3.3.4 大气污染防治实施要点

1 施工现场废弃物应按环保部门相关要求分类处置，严禁在施工现场焚烧油漆及其他可产生有毒有害烟尘和恶臭气味的废弃物。不得将油漆等有毒有害废弃物丢弃于水井、河道、池塘和下水道。各种油漆、稀料应密封保存，防止挥发，推广使用低（无）挥发性有机物（VOCs）的建筑材料、涂料、胶粘剂等产品。

2 施工现场存放的油料和化学溶剂等有毒有害易燃易挥发物品应设有专门的库房，地面应采取防渗漏处理。废弃的油料和化学溶剂应集中处理，不得随意倾倒。

3 金属焊接区宜选用焊接烟尘净化器对焊接烟雾废气进行净化处理，有效去除焊烟废气，降低有毒有害气体排放，净化加工区环境（图3-45）。

4 作业应尽可能设立独立作业面，在通风良好的环境中进行，必要时应配置通风设备，以避免废气对人身体的危害。从事有毒有害气体排放作业的人员应佩戴防毒面具、眼罩、防护服等护具，其他作业人员应结合实际情况佩戴相应护具，确保人员健康。

（a）

（b）

图3-45 焊接烟尘净化器

3.3.5 噪声污染防治实施要点

1 在噪声敏感、建筑物集中区域内进行施工作业的，施工单位应在施工现场醒目位置公示项目名称、施工单位名称、工地负责人及联系方式等信息。除抢修、抢险作业或因生产工艺要求或者特殊需要必须连续作业的，应尽量采取降噪措施，并按照有关规定报当地环保部门备案后方可施工，否则禁止在噪声敏感区域进行产生环境噪声污染的夜间施工作业。

2 项目应根据工程周边环境布设噪声监测点，并有实施记录。施工现场噪声应符合《建筑施工场界环境噪声排放标准》GB 12523—2011的规定，昼间≤70dB（A），夜间≤55 dB（A）。

3 建筑施工应优先选用低噪声的施工机具和改进生产工艺，如选用低噪声设备，如端部带有消声器的低噪声振动棒、变频低噪施工电梯、通风机等进出风管设置消声器等（图3-46、图3-47），或者采取措施改变噪声源的运动方式（如用阻尼、隔振等措施降低固体发声体的振动）。风机、泵、压缩机等建筑设备应设置隔振消声减噪措施。

4 在施工现场平面策划时，应将高噪声设备尽量远离施工现场办公区、生活区及周边住宅区等噪声敏感区域布置。合理规划作业时间，减少夜间施工，确保施工噪声排放符合规定。吊装作业时，应使用对讲机传达指令。

5 施工现场可产生强噪声的成品或半成品（如预制构件等）的加工作业，应在工厂、车间内完成，减少因施工现场加工制作产生的噪声。

6 施工现场混凝土输送泵外围应设置降噪棚（图3-48），隔声材料可选用夹层彩钢板、吸声板、吸声棉等，隔声棚应便于安拆、移动。

7 木工加工车间应封闭设置，围护结构采取吸声材料，具有隔声降噪措施，并安装排风、吸尘等设施（图3-49）。

图 3-46　变频低噪施工电梯

图 3-47　通风机设置消声器

（a）

（b）

图 3-48　混凝土输送泵降噪棚

8 钢筋加工车间应设置隔声降噪屏（图3-50），降噪屏可采用阳光板或其他透光良好且安全的材料制作，高度不宜低于1.5m。

图 3-49　隔声木工加工车间

图 3-50　隔声降噪钢筋加工车间

9 在临近学校、医院、住宅、机关、部队和科研单位等噪声敏感区域施工时，工程外围挡应设置降噪挡板，并实时监控噪声排放（图3-51）。在噪声敏感区域施工时，作业层应采取隔声降噪措施。常见的隔声降噪布采用双层涤纶基布、吸声棉等（图3-52），经特种加工处理热合而成，具有隔声、防尘、防潮和阻燃等特点。

10 集成式操作平台外围挡为密目金属板材质，具有良好的隔声、防尘、防光污染性能，且外形美观、周转率高（图3-53）。

图 3-51　降噪挡板

图 3-52　隔声降噪布

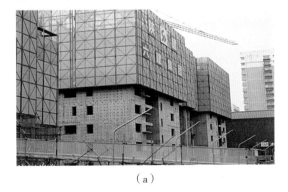

（a）

（b）

图 3-53　集成式外架操作平台

3.3.6　光污染防治实施要点

1　建设工程项目应合理安排施工任务，最大限度减少夜间施工，避免施工照明影响周围环境。夜间施工照明时，应对照明光源加装聚光罩，使光线照射在施工部位，避免光源散射影响周边环境，造成污染，并应设置定时开关控制装置，节能环保（图3-54）。

2　施工现场可设置封闭焊接作业操作间，小构件焊接作业应设置遮光罩，减少弧光外泄影响周边环境，遮光罩应采用不燃材料制作（图3-55）。焊接操作人员应配备护目镜、防护服等有效的个人防护用具。钢结构工程施工时，焊接作业面应采取有效的防治光污染措施，操作人员应配备完善的防护用具上岗作业。

3　钢结构工程施工应在焊接作业面采取有效防治光污染措施，采用不透光材料设置防护棚，如采用三防布等不燃、难燃的材料搭设防护棚，避免弧光外泄对外界造成不良影响。

图 3-54　聚光罩

图 3-55　遮光罩

3.3.7　水污染防治实施要点

1　施工现场废水应进行集中收集、处理、循环再利用，外排污水未经处理达标禁止排放。施工现场生活污水经生化处理，检测符合相关要求后，可用于现场降尘、绿化灌溉等。

2　施工现场有毒有害危险品库房应独立设置，地面应设置防潮隔离层，防止有毒有害液体材料跑冒滴漏，造成场地土壤、水体污染。

3　沉淀池、隔油池、化粪池等避免发生堵塞、渗漏、溢出等现象，及时清掏各类池内沉淀物，并委托有资质的单位清运（图3-56、图3-57）。

4　施工现场污水排放应依据现行国家标

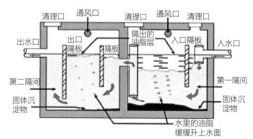

图 3-56　隔油池示意图

准《污水综合排放标准》GB 8978—1996要求，在污水排放口采集少许污水，取pH试纸浸入污水中，迅速取出与标准色板比对，即可读出所测污水的pH值。若酸碱度达标即可排放，否则须经进一步处理，符合要求后方可排放。项目应定期检测，并有实施记录（图3-58）。

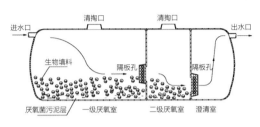

图 3-57　化粪池示意图

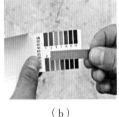

（a）　　　　　　　　（b）

图 3-58　污水见证检测

3.3.8　土壤保护实施要点

1　施工单位应建立土壤保护监控体系，对施工现场土壤污染因素进行分析，施工不同阶段分级分类进行管控，编写应急预案，对不同污染情况制定专项措施。

2　废弃的降水井应及时回填，并应封闭井口，防止污染地下水。土方开挖过程中，应采用平台式阶梯状取土施工法，严禁沿坡随意开挖取土。因施工造成的外露裸土，及时覆盖或种植速生草种，以减少土壤侵蚀（图3-59）。

3　施工现场设专门洗泵点，设置三级沉淀池对洗泵水进行沉淀、过滤，及时清理沉淀物。施工现场应设置混凝土罐车定点清洗处，避免混凝土泥浆污染土壤（图3-60）。

4　施工结束后应及时恢复施工活动破坏的植被。与当地园林、环保部门或当地植物研究机构进行合作，在先前施工区域种植当地或其他合适的植物等科学绿化措施，补救施工活动中人为破坏植被和地貌造成的土壤侵蚀。

5　对施工沿线自然径流、湖泊水系予以保护，设计无要求时应保证不淤、不堵、不漏、不留工程隐患，不得阻塞、隔阻自然径流，不得随意填埋、倾倒垃圾。施工便道应设置必要的过水构造物，跨河便道应设置便桥，工程完成后应立即拆除。

图 3-59　施工空地种植绿植

图 3-60　混凝土罐车废水回收

3.3.9 建筑垃圾处理及资源化利用实施要点

1 施工现场应建立建筑垃圾处理和资源化利用管理制度及实施措施。应积极应用"四新"技术，大力推广预制装配化施工，促进建筑工业化发展，从源头控制建筑垃圾的产生。建筑垃圾处理实行减量化、资源化、无害化的原则。

2 施工现场应设置建筑垃圾分类存放点，集中堆放并严密覆盖，及时清运。生活垃圾应用封闭式容器存放，并安排专人负责，定期清理，严禁随意丢弃。

3 建筑和生活垃圾应分类收集、堆放、处理（图3-61），禁止将生活垃圾就地回填，严禁将建筑垃圾未经处理随意回填使用，造成二次污染。

4 施工现场应设置封闭式垃圾站，施工垃圾、生活垃圾应分别按照可回收、不可回收、有毒有害等分类存放，密闭运输，及时处置，运输消纳应符合相关规定。

5 施工现场应在办公、生活等区域设置分类式垃圾箱，便于生活垃圾分类回收，定时处理（图3-62、图3-63）。

6 建筑垃圾不得凌空抛掷、抛撒，建筑物、构筑物内的施工垃圾清运必须采用封闭式专用管道垂直垃圾运输通道或封闭式容器吊运（图3-64）。垃圾垂直运输时，应每隔

（a）

（b）

图 3-61　建筑垃圾分类堆放

图 3-62　木质垃圾箱

图 3-63　成品金属垃圾箱

1~2层或≤10m高，在垃圾通道内设置水平缓冲带。场区内应设置封闭式垃圾收集站，按规定及时清运，安排专人负责进出场运输车辆的清洗保洁工作。

7 在施工现场办公、生活区域应设置废旧墨盒收集箱。废旧墨盒应回收在密闭的容器内，防止可能产生的有毒有害物质扩散，并安排专人负责记录，委托有资质单位进行回收处理。

8 超过一定规模的大型项目，现场具备条件时，钢筋、混凝土构件、砌

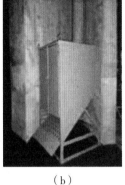
（a） （b）
图3-64 垃圾垂直运输管道

块、装饰装修材料等可采用工厂化集中加工（图3-65、图3-66），减少材料损耗，降低能耗和排放，降低工程施工成本。

9 施工现场可利用现场产生的建筑垃圾，加工成再生混凝土粗、细骨料，可用于配制C25及以下强度等级混凝土，用于制作再生骨料混凝土及中小型混凝土构件制品（图3-67、图3-68）。再生混凝土骨料质量应符合现行行业标准《普通混凝土用砂、石质量及检验方法标准》JGJ 52—2006要求。

图3-65 钢筋集中加工

图3-66 砌块集中加工车间

图3-67 建筑垃圾回收加工再利用车间

图3-68 建筑垃圾回收筛分再利用

10 施工现场产生的混凝土余料可用于制作盖板、过梁和异形砌块等小型构件（图3-69、图3-70）。

图3-69　混凝土余料加工车间

图3-70　混凝土余料制作小型构件

3.3.10　节材与材料资源利用实施要点

1 施工现场出入口、主要道路及基坑坡道宜使用混凝土硬化处理（图3-71），其路面长度、宽度、厚度应符合相关规范规定，并满足大型运输车辆及消防车辆通行要求。

现场应设置环形道路，双车道宽度应不大于6m，单车道宽度应不大于3.5m，转弯半径应不大于15m。对于场内道路兼作消防通道时，道路转弯半径应不小于12m，道路净宽度应不小于4m。混凝土道路厚度不得小于200mm。

2 施工现场出入口、主要道路及基坑坡道宜采用15～20mm厚钢板铺设（图3-72）。

3 施工现场主要道路可采用大型预制混凝土块铺设，应做到畅通、平整、坚实（图3-73）。施工现场人行道路宜采用预制混凝土盖板铺设，并对铺设的混凝土盖板采取必要的成品保护（图3-74）。

4 施工现场建立材料管理制度（图3-75），并应依据材料性能采取必要的防雨、防潮、防晒、防冻、防火、防爆、放损坏等措施。易燃、易爆和有毒物品应及时入库，专库

图3-71　主要道路混凝土硬化

图3-72　钢板铺设道路

专管，加设安全警示标志，并建立严格的领退料手续。

5 钢材、机电安装管材、钢化设施料堆放区地面应硬化，按规格、批次分区分类架空堆放并标识，明确物资名称、规格型号、数量及检验状态等信息（图3-76～图3-78）。

6 模板、架体材料及其构配件等设施料，应严格按需用计划进退场，减少库存（图3-79）。设施料应分区域堆放整齐，并设有防雨防潮措施。配件分类入库存放，减少丢失，防止保管不当造成的材料浪费。

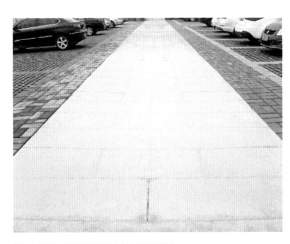

图 3-73　预制混凝土块铺设道路

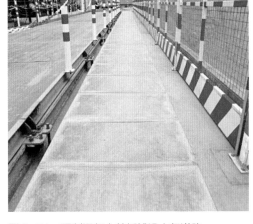

图 3-74　预制混凝土盖板铺设人行道路

材　料　标　识　牌			
名　称		规格/型号	
产　地		数量/批量	
材料来源		记录编号	
送 检 人		检验日期	
使用部位		其　他	
所处状态	■待检 ■已检待判 ■已检合格 ■检验不合格		

陕建

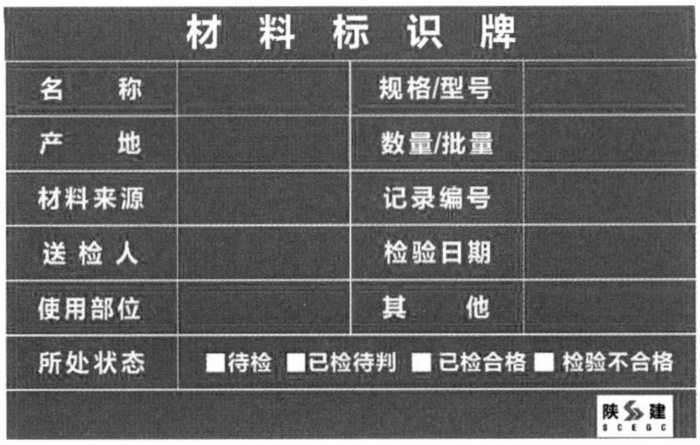

图 3-75　材料标识牌样式

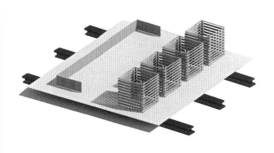

图 3-76　钢筋半成品堆放示意图

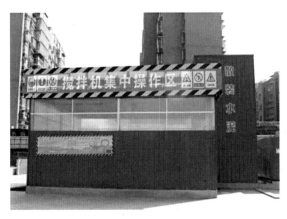

图 3-77　散装水泥库

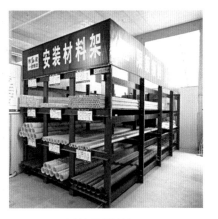

图 3-78　安装材料堆放架

（a）

（b）

图 3-79　设施配件存放

3.3.11　节水与水资源利用实施要点

1　施工现场办公区、生活区和生产区应合理布置供、排水系统，分区域分部位计量（图3-80）。建立用水台账，定期进行用水量分析，用水量分析结果应能够直观地与既定指标作对比。

2　现场供水管网应根据用水量设计布置，管径合理，管路简捷。严格控制管网施工质量。供水管道应选用合格管材、密闭性能良好的阀门和用水设备。加强供水管网日常检查维护，确保无跑、冒、漏、滴现象，杜绝水资源浪费。采用节水设施及工艺，节约用水。

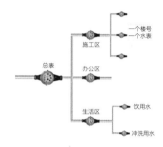
图 3-80　现场用水分区计量

3　施工现场办公区、生活区用水器具应采用节水型器具（图3-81），并应符合现行行业标准《节水型生活用水器具》CJ/T 164—2014规定。

4　施工现场应因地制宜利用现场内地势高差、临时建筑屋面以及建筑物屋面，将雨水通过有组织排水汇流收集，经过渗蓄、沉淀等处理，集中储存。处理后的水体可用于施工现场降尘、绿化和洗车等。当雨水超过水池存储量时，富余雨水应有合理的外排措施（图3-82～图3-85）。

（a）节水水龙头

（b）红外感应小便池

（c）踏板式淋浴器

图 3-81　节水器具的使用

5 施工现场可沿结构竖向敷设混凝土施工废水收集管道，施工废水回收管道顶端应设置收集漏斗，底部设置集水池（图3-86）。混凝土洗泵水和养护用水等施工废水经管道输送至底部集水池后，通过三级沉淀后，可通过加压水泵循环利用。沉淀池应安排专人定期清理，以保证沉淀池正常使用（图3-87）。

6 施工现场洇砖应采用节水型淋水设施，洇砖场地四周应设置排水沟，洇砖余水经沉淀处理后循环使用，既可提高使用效率，又可避免水污染（图3-88、图3-89）。

图3-82 施工现场雨水回收利用

图3-83 施工现场雨污水回收利用

图3-84 雨水收集池

图3-85 雨水利用

图3-86 混凝土施工废水回收利用

图3-87 施工废水三级沉淀池

图 3-88　现场洇页岩砖

图 3-89　现场蒸压加气块表面喷洒湿润

3.3.12　节能与能源利用实施要点

1　对施工现场的生产区、生活区、办公区应分别安装电表，单独计量，及时收集用电数据，建立用电统计台账进行能耗分析。施工现场还应对主要耗能机具如塔吊、施工电梯、电焊机及其他施工机具和现场照明等，单独装表计量（图3-90、图3-91）。

图 3-90　施工区分路电表

图 3-91　办公、生活区电表

2　项目准备阶段，应依据工程所在地建筑行业用电定额，结合同类型工程施工能耗历史数据，考虑实际施工方式，确定明确的用电指标，为后期节能效果评估提供对比依据。

3　施工现场应建立完善的用电管理制度，优先选用国家、行业推荐的节能、高效、环保的施工设备和机具，分区域分阶段确定明确的用电指标并做好用电记录台账，结合工程所在地实际情况因地制宜利用非传统能源。

4　施工现场应采用太阳能清洁能源，如办公区、生活区室外照明采用太阳能路灯、太阳能草坪灯，浴室采用太阳能光热设备等（图3-92、图3-93）。

5　施工区楼梯间照明可采用LED灯带，节能环保（图3-94）。

（a）　　　　　　　　（b）

图 3-92　太阳能灯

图 3-93 光热平板式热水系统

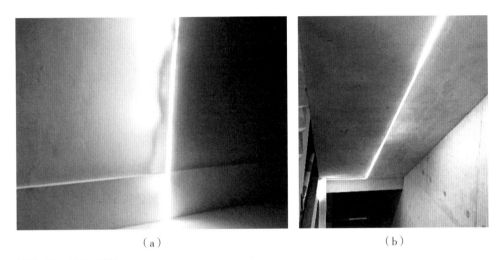

（a）   （b）

图 3-94 LED 灯带

3.3.13 节地与土地资源保护实施要点

1 施工现场临时道路应提前策划，应做到永临结合。

2 建筑施工用地的节约和保护应因地制宜地规划平面布置，临时设施布置符合安全、消防和环境卫生要求前提下应力求紧凑、合理，现场总平面布置应根据施工进度分阶段分别绘制平面布置图，实行动态管理。

3 施工前应调查地下各种设施、管线分布情况，设置地下管线标识桩，保证施工场地周边的各类管道、管线、建筑物、构筑物的安全运行。

3.3.14 绿色施工在线监测评价技术

绿色施工在线监测及量化评价技术是根据绿色施工评价标准，通过在施工现场安装智能仪表并借助GPRS通信和计算机软件技术，随时随地以数字化的方式对施工现场能耗、水耗、施工噪声、施工扬尘、大型施工设备安全运行状况等各项绿色施工指标数据进行实时监测、记录、统计、分析、评价和预警的监测系统和评价体系。

绿色施工涉及管理、技术、材料、工艺、装备等多个方面。根据绿色施工现场的特点以及施工流程,在确保各施工项目都能够得到监测的前提下,绿色施工监测内容应尽可能全面,用最小的成本获得最大限度的绿色施工数据,绿色施工在线监测对象应包括但不限于图3-95所示内容。

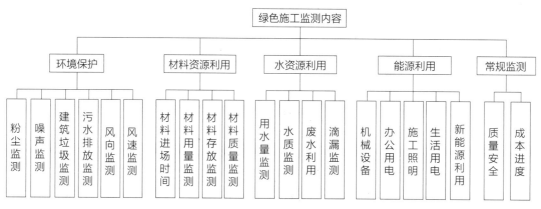

图 3-95　绿色施工在线监测对象内容框架

监测及量化评价系统构成以传感器为监测基础,以无线数据传输技术为通信手段,包括现场监测子系统、数据中心和数据分析处理子系统。现场监测子系统由分布在各个监测点的智能传感器和HCC可编程通信处理器组成监测节点,利用无线通信方式进行数据的转发和传输,达到实时监测施工用电、用水、施工产生的噪声和粉尘、风速风向等数据。数据中心负责接收数据和初步的处理、存储,数据分析处理子系统则将初步处理的数据进行量化评价和预警,并依据授权发布处理数据。

3.4　环境保护相关资料整编

施工过程中应根据相关要求,采集和保存施工过程管理资料、见证资料和检查记录等绿色施工资料(表3-4)。

环境保护资料组卷目录[①]

表 3-4

序号	工程管理资料名称	表格编号	提供单位(或人员)	完成时间
1	绿色施工专项方案	/	项目经理部	开工前
2	绿色施工各项管理制度	/	项目经理部	开工前
3	各专业绿色施工实施方案	/	项目经理部	开工前
4	绿色施工相关协议	/	项目经理部	开工前
5	绿色施工培训记录	附表 3-2-1	项目经理部	全过程
6	绿色施工交底记录	附表 3-2-2	项目经理部	全过程

序号	工程管理资料名称	表格编号	提供单位（或人员）	完成时间
7	"四新"技术应用记录	附表 3-2-3	项目经理部	全过程
8	绿色施工管理评价检查记录	附表 3-2-4	项目经理部	全过程
9	绿色施工会议记录	附表 3-2-5	项目经理部	全过程
10	施工现场及办公生活区环境保护检查记录	附表 3-2-6	项目经理部	全过程
11	噪声测试记录	附表 3-2-7	项目经理部	全过程
12	建筑垃圾清运记录	附表 3-2-8	项目经理部	全过程
13	施工操作层扬尘检查记录	附表 3-2-9	项目经理部	全过程
14	现场道路扬尘检查记录	附表 3-2-10	项目经理部	全过程
15	材料供应商信息记录	附表 3-2-11	项目经理部	全过程
16	材料进出场记录	附表 3-2-12	项目经理部	全过程
17	工程大宗材料管理记录	附表 3-2-13	项目经理部	全过程
18	限额领料记录	附表 3-2-14	项目经理部	全过程
19	材料包装物回收记录	附表 3-2-15	项目经理部	全过程
20	防护用品发放记录	附表 3-2-16	项目经理部	全过程
21	分区用水及较大用水点计量记录	附表 3-2-17	项目经理部	全过程
22	非传统水源收集及利用记录	附表 3-2-18	项目经理部	全过程
23	现场用水检查记录	附表 3-2-19	项目经理部	全过程
24	分区用电记录	附表 3-2-20	项目经理部	全过程
25	大型机械设备用电记录	附表 3-2-21	项目经理部	全过程
26	施工现场机械保养、维护记录	附表 3-2-22	项目经理部	全过程
28	现场用电检查记录	附表 3-2-23	项目经理部	全过程
29	项目经理部临时设施使用记录	附表 3-2-24	项目经理部	全过程
30	回填土使用记录	附表 3-2-25	项目经理部	全过程
31	项目经理部土地变更记录	附表 3-2-26	项目经理部	全过程
32	绿色施工要素检查评价表	附表 3-2-27	项目经理部	全过程
33	绿色施工成果量化统计表	附表 3-2-28	项目经理部	全过程
34	绿色施工及环境保护过程见证资料	/	项目经理部	全过程

注：①附表 3-2-1 ~ 附表 3-2-28 可点击本书配套资源获取，具体网址可参考本书文前第 2 页。

第 4 章

施工安全达标

4.1 基本要求

　　建筑施工安全管理是一个系统性、综合性的管理，其管理的内容涉及建筑施工的各个环节。因此，项目经理部在施工过程中必须坚持"安全第一，预防为主，综合治理"的方针，通过分析和研究各种不安全因素，制定相应的管理制度和控制措施，消除各种不安全因素，防止事故的发生，达到安全生产的各项目标。

　　本章节主要从安全技术措施和管理资料整编两个方面进行阐述。

4.2 施工安全管理实施要点

4.2.1 安全管理基本规定

　　1 安全生产责任制

　　（1）工程开工前，项目经理部应在工程所在地建设行政主管部门办理安全备案登记手续（图4-1）。

　　（2）项目经理部应为施工现场从事危险作业人员办理人身意外伤害保险。

　　（3）项目经理部应根据建筑规模，按相应标准配备专职安全管理人员。建筑面积1万m²以下、安装工程总造价在5000万元以下的不少于1人；建筑工程建筑面积1万~5万m²、安装工程总造价在5000万~1亿元的不少于2人；建筑面积5万m²以上、安装工程总造价在1亿元以上的不少于3人。

　　（4）项目负责人、专职安全生产管理人员应当经建设行政主管部门或者其他有关部门考核合格后方可任职，应持有安全生产考核合格证书。

　　（5）项目经理部应组建以项目经理为安全生产第一责任人，由总承包、专业承包和劳务分包项目经理、技术负责人和专职安全生产管理人员组成的安全生产领导小组（图4-2），定期召开安全生产会议，分析、研究安全生产情况，制定工作计划和相应措施。

　　（6）企业负责人现场带班检查时间每月应不少于工作日的25%，项目负责人每月现场带班生产的时间不得少于本月施工时间的80%。进行现场带班检查时，应认真做好带班检查记录，并存档备查。

　　（7）企业和项目经理部必须建立健全各项安全管理制度和安全生产责任制，明确各岗位的安全生产责任，经责任人签字确认，并应制作标牌上墙公示。

　　（8）项目经理部应根据工程所涉及的工种，落实各工种安全操作规程，并在施工现场相应操作区制作标牌挂设。

陕西省建设工程项目开工

安全生产备案登记表

备案登记专用章

编号　　字　　号

备案登记时间　　年　　月　　日

工程名称：□□住宅楼工程□标段（1#、2#、3#楼）

申报企业：陕西建工集团有限公司

建设单位：□□房地产开发有限公司

监理单位：□□建筑工程监理咨询有限公司

联 系 人：□□□　联系电话：□□□□□□□□

填报日期：□□□□年□□月□□日

陕西省建设工程质量安全监督站

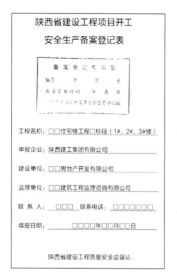

图 4-1　建设工程项目开工安全生产备案登记表

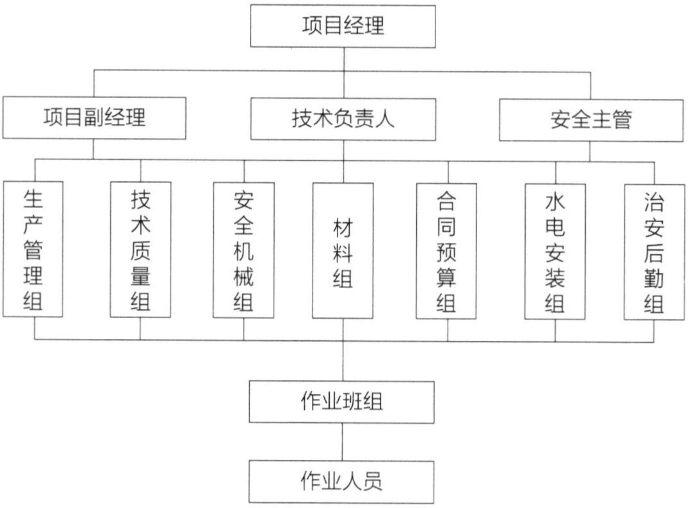

图 4-2　项目安全生产领导小组

（9）企业应制定每年度安全生产总体控制目标；项目经理部应在工程开工前制定包括伤亡事故控制、安全达标、文明施工等方面的安全管理目标（图4–3 ~ 图4–6）。

（10）企业和项目经理部之间应签订安全生产管理目标责任书，明确安全生产指标、双方责任、工作措施等内容。

（11）企业和项目经理部应将安全生产责任目标逐级进行分解，制定相应的考核办法，对安全生产责任制及目标的执行情况进行逐级定期考核，并形成考核记录。

（12）项目经理部应建立安全生产资金保障制度，编制安全生产、文明施工措施费使用计划，并建立使用台账。

2 危险源识别与监控、施工组织设计及专项方案

（1）项目经理部应对施工过程中的危险性较大工程和危险源进行辨识，编制危险源识别、风险评价清单和具有不可接受风险危险源及其控制措施计划清单，在施工现场醒目处

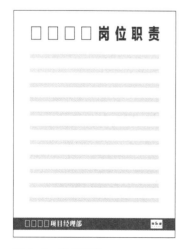

图 4-3　岗位职责

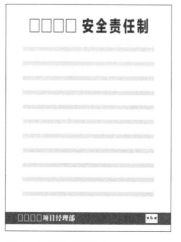

图 4-4　安全责任制

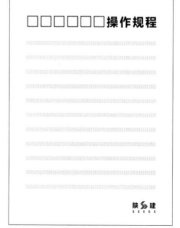

图 4-5　安全操作规程

设置不可接受风险危险源公示牌（图4-7）。

图 4-6　项目经理部管理目标

图 4-7　项目经理部管理目标

（2）对危险性较大的分部分项工程，项目经理部应编制专项施工方案并履行审批程序。对超过一定规模的危险性较大的分部分项工程专项施工方案，应组织专家进行论证。

（3）项目经理部应按专项施工方案组织实施，并严格执行工序验收程序。按照风险分级管控的要求，落实作业申报制度和过程管控责任人。

3　安全技术交底

（1）项目经理部应建立安全技术交底制度并认真执行。

（2）安全技术交底实行分级负责制：总承包项目负责人向分包单位（包括专业承包、劳务分包、设备分包等）负责人及管理人员进行入场前安全技术总交底；施工组织设计（方案）和专项安全施工方案实施前，编制人员或项目技术负责人应当向现场管理人员和作业人员进行安全技术交底；实行专业承包的工程项目，其危险性较大的分部分项工程开工前，由项目技术负责人向承担施工的分包单位负责人、管理人员、班组长和全体操作人员进行安全技术交底；其他分部分项工程由各专业工长负责向劳务分包人或作业班组长进行安全技术交底，再由作业班组长向操作人员进行安全技术交底。

（3）安全技术交底必须根据分部分项工程的特点和具体作业环境进行全面、详细、有针对性的交底。

（4）安全技术交底应形成书面记录，交底人、被交底人和专职安全员三方应履行签字确认手续。

4　安全检查

（1）企业安全主管部门应实行定期和不定期的安全检查，生产经营单位应实行月检。

（2）项目经理部应根据企业要求建立安全检查制度并认真执行，检查结果应在项目进行公示，告知操作人员。

（3）项目经理部应组织开展各类安全检查：定期检查由项目负责人每周组织相关管理人员对施工现场进行联合检查；日常性检查由项目专职安全员对施工现场进行每日巡查；专业性检查由专业人员开展施工机械、临时用电、防护设施、消防设施等专项安全检查；季节性检查是结合冬期、雨期、暑期、节假日的施工特点开展安全检查。检查发现的隐患应按照"三定"原则进行整改,并留有记录。对重大事故隐患的整改复查,应按照谁检查谁复查的原则进行。

(4)项目经理部应成立由项目负责人、技术负责人和专职安全员等安全生产标准化自评机构,每月依据《建筑施工安全检查标准》JGJ 59—2011开展项目安全生产标准化自评工作,自评结果应经建设、监理单位确认并保存相关记录。工程完工后办理竣工验收前,项目经理部应按照工程所在地建设行政主管部门要求,申请项目安全生产标准化考评,并提供相应资料。

(5)项目经理部应留存各级安全检查的相应记录和整改回复报告。

5 安全教育培训

(1)项目经理部应建立安全教育培训制度并认真执行。

(2)新进场施工操作人员应经三级安全教育培训,考核合格后方可上岗作业。

(3)变换工种或采用"四新"技术时,应先对施工管理人员和施工操作人员进行操作技能及安全操作知识的教育培训和考核,考核合格后方可上岗作业。

(4)施工过程中,还应根据施工特点开展专项、季节性和节假日前后等经常性安全教育,并坚持召开周安全例会和班前安全活动(图4-8)。

(5)施工管理人员、专职安全员每年度应进行安全教育培训和考核。

(6)项目经理部应建立安全教育培训提纲、台账,并留存受教育人员考核试卷及培训记录。

(a)

(b)

(c)

(d)

图4-8 各类安全教育培训

（7）规模较大的项目应在施工现场设立安全体验馆和教育培训室（图4-9），针对施工作业中常见的伤害，进行实体展示与体验培训；宜采用多媒体安全教育培训箱等，建立电子档案，对从业人员安全教育进行信息化管理。

（8）项目经理部应将安全教育培训考核的结果与实名制门禁系统联动，经安全教育培训考核合格的，发放门禁卡，方可进入施工现场作业。

6 分包安全管理

（1）分包单位应在企业合格供方名录之列；项目经理部应对承揽分包工程的分包单位进行营业执照、资质证书、安全生产许可证、法人委托书和"三类人员"安全生产考核合格证书的审查，对资格证失效或不诚信的分包单位一律不准使用。

安全体验馆分布图

01 安全体验馆入口（南门）　09 模拟人急救体验区
02 劳保用品展示区　　　　10 安全帽撞击体验区
03 安全带使用体验区　　　11 钢丝绳使用体验区
04 吊装作业体验区　　　　12 安全事故教育区
05 开口部坠落体验区　　　13 综合用电体验区
06 临时通道体验区　　　　14 讲评台
07 平衡木体验区　　　　　15 体检室
08 灭火器演示体验区　　　16 安全体验馆入口（北门）

图4-9　安全体验馆布局示意

（2）项目经理部与分包、租赁单位签订分包合同时应签订安全生产管理协议书，明确双方的安全责任和违约处罚措施；分包合同、安全生产协议书应经双方法人签字盖章。

（3）分包单位应按规定建立安全管理机构，按要求配备相应数量的专职安全管理人员，项目主要管理人员应由企业任命，在项目经理部安全生产领导小组的领导下开展安全管理工作。具体流程见图4-10。

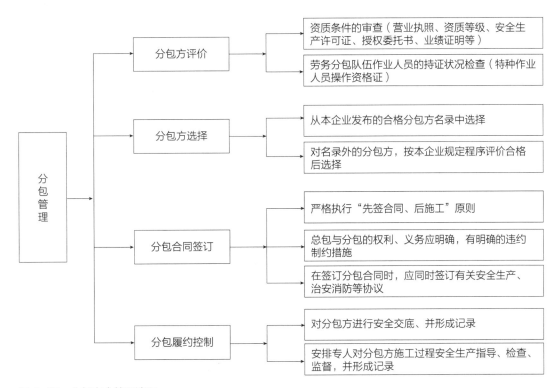

图4-10　分包安全管理流程

7 持证上岗管理

（1）特种作业人员必须取得建设行政主管部门颁发的《建筑施工特种作业人员操作资格证书》，提供体检报告后，方可上岗从事相应作业（图4-11）。

（2）项目经理部应建立特种作业管理制度，对入场的特种作业人员进行登记造册，并将有效资格证书及体检报告复印留查。

（3）项目负责人、专职安全员、特种作业人员证件均应及时复审，确保证件有效。

8 应急救援及事件处理

（1）项目经理部应结合危险源风险评价结果明确具体的风险控制措施，编制事故应急预案，建立应急救援组织，制定应急措施，配备担架、保健医药箱等急救器材和应急设备，并对救援人员进行急救知识培训。

（2）项目经理部应定期组织应急救援预案演练，并留存记录和影像资料（图4-12）。

（3）发生生产安全事故后，负伤人员或最先发现的人员应立即向项目负责人报告，项目负责人应及时上报企业主管领导（图4-13）；同时，做好保护现场工作，及时抢救人员和财产，采取有效措施，防止事故扩大。

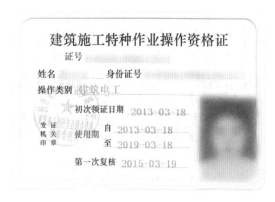

图4-11 特种作业人员操作资格证书式样

（a）　　　　　　　　　　　　　　　　（b）

图4-12 应急培训及预案演练

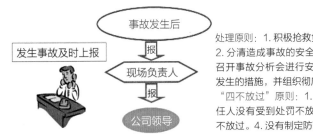

处理原则：1.积极抢救负伤人员的同时，保护好事故现场。2.分清造成事故的安全责任，总结教训。3.以事故为例、召开事故分析会进行安全教育。4.采取预防类似事故重复发生的措施，并组织彻底的整改。

"四不放过"原则：1.事故原因分析不清楚不放过。2.责任人没有受到处罚不放过。3.肇事者和群众没有受到教育不放过。4.没有制定防范措施不放过

图4-13 事故报告与处理程序

4.2.2 脚手架与平台

1 基本要求

（1）脚手架及卸料平台分项工程施工前，应编制专项施工方案并经设计计算确定，其计算书及施工方案应按照住房城乡建设部《危险性较大的分部分项工程安全管理规定》（中华人民共和国住房和城乡建设部令第37号）、《住房城乡建设部办公厅关于实施〈危险性较大的分部分项工程安全管理规定〉有关问题的通知》（建办质〔2018〕31号）等文件进行编制，审批后方可在现场实施。

（2）脚手架及平台搭设材料应有材质证明和抽样检查确认记录（图4-14）：

钢管应有产品质量合格证、质量检验报告。立杆和水平杆用钢管应涂刷黄色油漆；剪刀撑、横向支撑用钢管应涂刷红白相间的安全警示色；连墙件用钢管涂刷红色油漆。

扣件进场应核查工业产品生产许可证、出厂检验报告、产品合格证，并按照进场数≤500个抽取8个、501~1200个抽取13个、1201~10000个抽取20个进行见证抽样复试。使用时，应逐个检查外观，拧紧力矩应控制在40~65N·m。

安全网进场应核查工业产品生产许可证、周期性型式检验报告、出厂检验报告、产品合格证、特种劳动防护用品安全标志证书，并按照进场数量≤500张抽取3张、501~5000张抽取5张、≥5001张抽取8张，进行见证抽样复试。

脚手板应满足防火性能要求。

（3）脚手架搭设应始终超过操作层不少于一步架。高层建筑应采用型钢分段悬挑架或附着式升降脚手架。

（4）脚手架首层、隔离层、作业层、通道口、架体内侧与建筑物之间防护应严密，脚手架外侧立面应使用阻燃型密目式安全立网全封闭。

（5）落地脚手架作业层和临街面、悬挑架、附着式升降脚手架，在密目式安全立网内侧应增设一道小孔安全立网加强防护。

（6）脚手架在搭设过程中和使用前，应按照规范要求组织分包、监理单位共同验收，验收合格后方可继续搭设或投入使用，各类验收应填写验收记录，参加验收的各方签字存档。使用中，应按规范要求进行检查维护，确保架体使用安全。

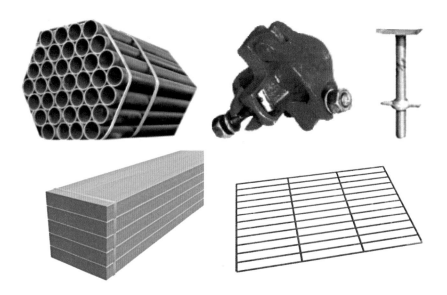

图 4-14　脚手架搭设材料示意

（7）脚手架及平台搭设人员必须持证上岗，并正确佩戴使用个人劳动防护用品；搭设、拆除前必须对作业班组和人员进行书面安全交底，交底双方履行签字手续。

2　落地式外脚手架

（1）架体基础及排水

1）基础应采用灰土地基，垫平夯实；立杆下方应设置长度≥2跨、厚度≥50mm的木垫板，垫板材质也可采用槽钢等。当立杆设置在混凝土基础上时，可只设置底座。

2）在立杆下部150mm处设置纵横向扫地杆，纵向扫地杆在上，横向扫地杆在下，均与立杆采用直角扣件相连（图4-15~图4-17）。

3）基础周围应设置排水沟，采取有组织排水。

4）脚手架立杆基础不在同一高度时，必须将高处的纵向扫地杆向低处延长两跨与立杆固定，高低差不大于1m，靠边坡上方的立杆轴线到边坡的距离不应小于500mm。

（2）外脚手架立面防护（图4-18、图4-19）

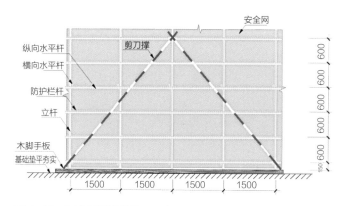

图 4-15　正立面图（单位 mm）

图 4-16　剖面图（单位 mm）

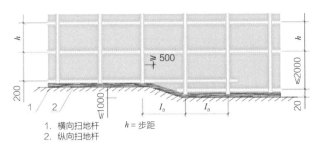

图 4-17　纵横向扫地杆构造示意图（单位 mm）

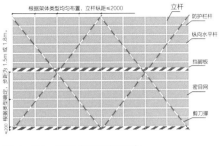

图 4-18　架体立面防护示意

1）脚手架的钢管应横平竖直，转角位置的纵向水平杆不能超过转角200mm，横向水平杆外露部分应长短均匀。

2）脚手架立杆应分布均匀，纵向间距一般为1500mm；纵向水平杆应保持水平，步距一般为

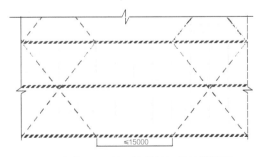

图 4-19　挡脚板示意图

1800mm，每步脚手架应设置挡腰杆，一般为600mm和1200mm高两道。

3）脚手架外侧满挂密目安全网。网体竖向连接时采取用网眼连接方式，每个网眼应用16号镀锌铁丝或厂家提供的专用绑扎绳与钢管固定；网体横向连接时采取搭接方式，搭接长度不得小于200mm。架体转角部位应设置内衬以保证架体转角部分安全网线条美观。

4）脚手架外排立杆涂黄色油漆，在脚手板铺设层设一道高度≥180mm挡脚板，固定在立杆内侧，挡脚板涂45°倾斜的红白相间警示色。

5）主节点处必须设置一道横向水平杆，用直角扣件扣接在纵向水平杆上且严禁拆除。

（3）剪刀撑及横向斜撑（图4-20～图4-23）

1）每道剪刀撑宽度应在4～6跨，且≥6m，斜杆与地面的倾角应在45°～60°之间。斜杆的接长应采用搭接，搭接长度≥1m，采用≥3个旋转扣件固定。

2）架体搭设高度<24m的，必须在外侧两端、转角处及中间间隔≤15m的立面上，各设置一道由底至顶连续剪刀撑。架体搭设高度≥24m时，应在外侧全立面连续设置剪刀撑。在转角处和中间每隔6跨应由底至顶连续设置横向斜撑。

3）一字形、开口型脚手架的两端断开处均必须由底至顶连续设置横向斜撑。

4）剪刀撑斜杆应用旋转扣件固定在与之相交的横向水平杆的伸出端或立杆上，旋转扣件中心线至主节点的距离小于等于150mm。

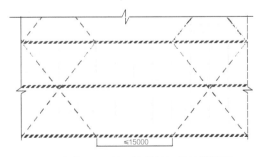

图 4-20　高度 24m 以下的落地架剪刀撑设置

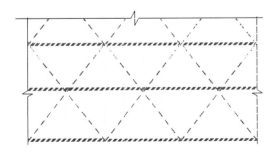

图 4-21　高度 24m 以上的落地架剪刀撑设置

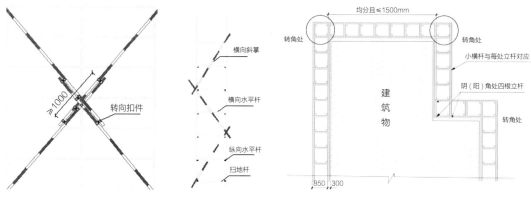

图 4-22　剪刀撑斜杆接长示意图　　图 4-23　横向斜撑搭设示意图　　图 4-24　架体转角处杆件搭设示意图

（4）杆件布置

1）双排脚手架架体转角处应设置4根立杆，纵向水平杆应连通封闭（图4-24）。

2）立杆除顶层顶部外必须采用对接，纵向水平杆在架体转角外可以搭接，剪刀撑斜杆必须搭接（图4-25、图4-26）。

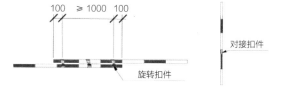

图 4-25　纵向水平杆搭接接长示意图　　图 4-26　立杆接长示意图

3）剪刀撑、连墙件必须随外脚手架同步搭设、同步拆除。严禁后搭或先拆。

（5）连墙件设置

1）连墙件设置位置、数量应按照专项方案确定，并应采用刚性连接（图4-27）。悬挑脚手架每根连墙件覆盖的面积应≤27m²。连墙件所使用的钢管应涂红色油漆。

2）开口型脚手架的两端必须设置连墙件，连墙件的垂直间距不应大于建筑物的层高，并不得大于4m。

3）架体高出最上面一道连墙件不得超过两步架。

（6）架体封闭（图4-28）

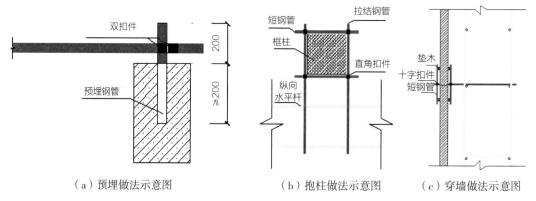

（a）预埋做法示意图　　　　　（b）抱柱做法示意图　　　　（c）穿墙做法示意图

图 4-27　钢管扣件刚性连墙件示意图

1）落地脚手架在第二步架或结构二层板部位必须满铺一道脚手板，内排立杆与墙体之间采用脚手板等作硬质防护。每隔三层且不超过10m，应满铺一道脚手板或一道阻燃型安全平网，并对脚手架内排立杆与墙体之间进行封闭。

2）操作层脚手板必须满铺，下方应兜一道安全平网。

3 悬挑式脚手架

（1）悬挑支承结构必须专门设计计算，悬挑梁应采用截面高度不小于160mm的工字钢，固定段长度应大于悬挑段的1.25倍。每段悬挑架体高度不得超过15m或4层（图4-29）。

（2）悬挑梁锚固螺栓或U形HPB235级钢筋拉环位置设置在楼板上时，楼板的厚度不宜小于120mm。如果楼板的厚度小于120mm应采取加固措施（图4-30）。

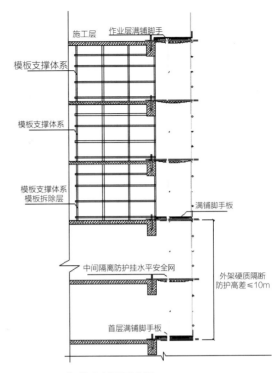

图4-28 架体内封闭示意图

（3）每道悬挑梁端部必须设置卸荷钢丝绳，钢丝绳直径应不小于14mm。绳头采用绳卡固定时，绳卡数量不少于4个，U形环应设置在绳头一侧。卸荷钢丝绳预埋拉环不得设置在悬挑构件上。

（4）悬挑架架体的连墙件应为刚性连墙件，数量不少于两步三跨，架体拐角1m内增设一道连墙件。脚手架外侧立面整个长度和高度方向上应连续设置剪刀撑。

（5）悬挑梁上应设置立杆底部定位措施，扫地杆距悬挑梁顶面距离应控制在

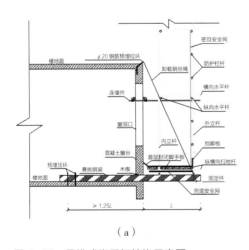

（a）

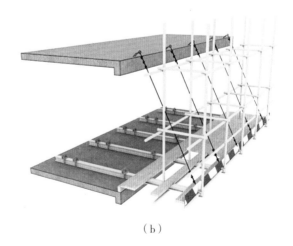

（b）

图4-29 悬挑式脚手架结构示意图

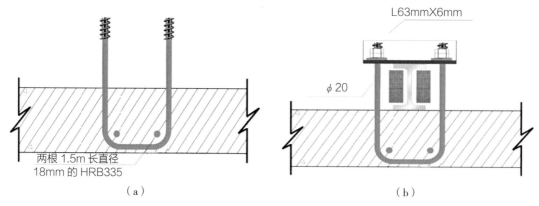

图 4-30　悬 U 形螺栓固定示意图

150 ~ 200mm。

4　附着式升降脚手架

（1）基本要求

1）附着式升降脚手架工程必须由取得模板脚手架专业承包资质的单位专业承包，严禁自购或租赁。进入现场的附着式升降脚手架产品，必须具备经国务院建设行政主管部门组织鉴定（评估）或验收合格的证书，并获得行业推荐证。

2）专业承包单位应在省级建设工程质量安全监督总站办理告知登记。使用前，应对专项施工方案组织专家论证。脚手架设施应具有防火性能，宜选用全钢装配型附着升降脚手架。严禁在同一个单体工程上，采用不同型号和不同厂家的产品。

3）附着式升降脚手架每次提升或下降前，专业承包、总承包、监理单位必须按照审批方案进行全面检查；每次提升或下降完成后，应组织联合验收。首次验收合格的，应在15日内向工程所在地的工程质量安全监督机构办理使用登记手续。

4）附着式升降脚手架在使用过程中，专业承包单位应配合专业人员按照定期维护保养计划进行维护保养，并保留相关资料（图4-31）。

（2）附着式升降脚手架构造措施要求

附着式升降脚手架应由竖向主框架、水平支撑桁架、架体构架、附着支撑结构、防坠防倾装置、升降设备、同步控制装置、提升系统组成（图4-32、图4-33）。

附着式升降脚手架结构构造的尺寸应符合下列规定（图4-34）：

1）架体高度不应大于5倍楼层高；

2）架体宽度不应大于1.2m；

3）直线布置的架体支承跨度不应大于7m，折线或曲线布置的架体，相邻两主框架支撑点处的架体外侧距离不应大于5.4m；

4）架体的水平悬挑长度不应大于1/2水平支承跨度，且不应大于2m；

5）架体全高与支承跨度的乘积不应大于110m^2；

6）相邻提升机位间的高差不得大于30mm，整体架最大升降差不得大于80mm。

竖向主框架结构构造应符合下列规定（图4-35）：

图 4-31　全钢装配型附着式升降脚手架

使用 M14X40 螺栓将脚手板，立网框，标准框，竖向导轨相连接

使用 M14X40 螺栓连接

直径 8mm 销轴连接

立网框上

竖向导轨

脚手板

标准框

立网框下

横杆

镀锌网片

斜杆

翻板

图 4-32　附着式升降脚手架结构示意图

双孔连接片（规格 90X120X6）

用 4# 角钢两端与方管焊接

采用 M14 螺栓连接固定

单孔连接片（规格 90X60X6）

40X40X3 方管

外排立杆 40X40X3 方管

内排立杆 40X40X3 方管

统一采用 M14X40 螺栓连接

横杆

斜杆

（a）　　　　　　　　　　　　　　（b）

图 4-33　标准框、横杆、斜杆组装示意图

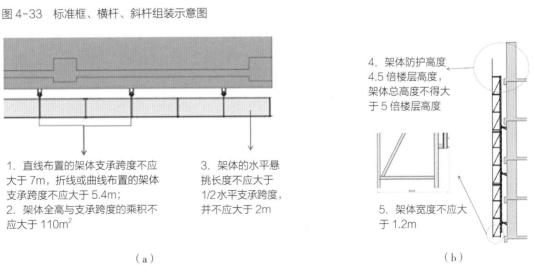

1. 直线布置的架体支承跨度不应大于 7m，折线或曲线布置的架体支承跨度不应大于 5.4m；
2. 架体全高与支承跨度的乘积不应大于 110m²

3. 架体的水平悬挑长度不应大于 1/2 水平支承跨度，并不应大于 2m

4. 架体防护高度 4.5 倍楼层高度，架体总高度不得大于 5 倍楼层高度

5. 架体宽度不应大于 1.2m

（a）　　　　　　　　　　　　　　（b）

图 4-34　附着式升降脚手架结构构造尺寸要求示意图

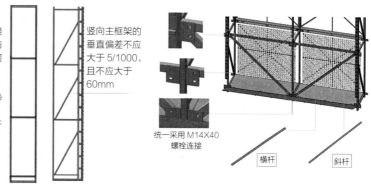

1. 竖向主框架应为桁架结构，杆件连接的节点应采用焊接或螺栓连接，并应与水平支撑桁架、架体构架构成空间几何不可变体系；
2. 主框架的强度和刚度应满足设计要求；
3. 主框架内侧应设置导轨，主框架与导轨应采用刚性连接；
4. 竖向主框架的垂直偏差不应大于5/1000，且不应大于60mm

竖向主框架的垂直偏差不应大于5/1000，且不应大于60mm

统一采用M14×40螺栓连接

横杆   斜杆

图 4-35　竖向主框架结构构造要求示意图　　　　　图 4-36　水平支承桁架结构构造要求示意图

　　1）竖向主框架应为桁架或钢架结构，杆件连接的节点应采用焊接或螺栓连接，并应与水平支撑桁架和架体构架构成空间几何不变体系的稳定结构；

　　2）主框架的强度和刚度应满足设计要求；

　　3）主框架内侧应设置导轨，主框架与导轨应采用刚性连接；

　　4）竖向主框架的垂直偏差不应大于5/1000，且不应大于60mm。

　　水平支承桁架结构构造应符合下列规定（图4-36）：

　　1）每个模数跨，采用通长一根横杆安装于竖向导轨或标准框内排连接片内侧，分布于除设有脚手板以外的其他步跨，使用螺栓进行固定将导轨与标准框内排连为整体；

　　2）底部桁架每跨必须安装斜杆，斜杆要求竖向导轨两侧成正"八"字形，其他部位呈波浪形，增加导轨连接的强度；

　　3）桁架各个杆件的轴线应相交于节点上，并采用节点板构件连接，节点板的厚度不得小于6mm；

　　4）各个连接点必须使用螺栓进行固定，将导轨与标准框内排连为整体。

　　附墙支座安装应符合下列规定（图4-37）：

　　1）竖向主框架所覆盖的高度内每一个楼层均应设置一处附墙支座；

　　2）附墙支座锚固处的混凝土强度应达到专项方案设计值，且应大于C10；

　　3）附墙支座锚固螺栓孔应垂直于工程结构表面；

　　4）附墙支座锚固处应采用两根或以上的附着锚固螺栓，锚固螺栓应采取防松措施，螺栓露出螺母端部的长度不应小于3倍螺距，并不应小于10mm；

　　5）附墙支座锚固螺栓垫板规格不应小于100mm×100mm×10mm；

　　6）在架体升降到位后架体在工作状态下，安装3道附墙支座用于卸荷。在架体提升时，拆除最后一道支座，采用两道支座提升。当架体提升到位后，及时安装第三道支座，每一附墙支座与竖向主框架应采取固定装置或措施。安装附墙支座时，清理预埋孔，在墙体上安装支座组件，支座要与导轨对中，将导轮套入导轨并安装导向架，支座要与墙贴实。在附墙支座无法直接装在主体上时，采用装配架用于附着。

　　防倾装置应符合下列规定（图4-38）：

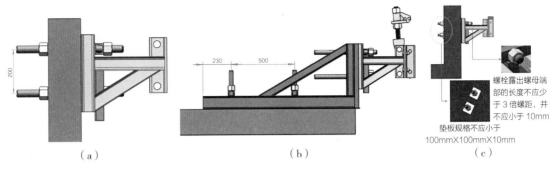

（a）   （b）   （c）

螺栓露出螺母端部的长度不应少于3倍螺距，并不应小于10mm

垫板规格不应小于100mm×100mm×10mm

图4-37 附墙支座安装示意图

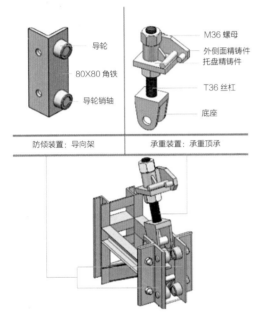

导轮
80X80 角铁
导轮销轴

M36 螺母
外侧面精铸件
托盘精铸件
T36 丝杠
底座

防倾装置：导向架   承重装置：承重顶承

图4-38 防倾装置示意图

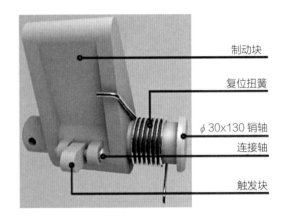

制动块
复位扭簧
ϕ 30x130 销轴
连接轴
触发块

图4-39 防坠落装置示意图

1）每一个附墙支座上应配置防倾装置；

2）防倾装置应采用螺栓或焊接于附着支承结构连接，不得采用扣件方式连接；

3）在升降工况下，最上和最下两个导向架之间的最小间距不应小于架体高度的1/4或2.8m。

防坠装置应符合下列规定（图4-39）：

1）防坠装置在使用和升降工况下均应设置在竖向主框架部位，并应附着在建筑物上，每一个升降机位不应少于一处；

2）防坠装置应有安装时的检验记录；

3）防坠装置与提升设备严禁设置在同一附墙支承结构上。

同步控制装置应符合下列规定（图4-40）：

1）升降作业时，应配备有限制荷载自控系统或水平高差的同步控制系统；

2）限制荷载自控系统应具有超载15％时的声光报警和显示报警机位，超载30％时，

（a）   （b）

图4-40 同步控制装置示意图

应具有自动停机的功能；

3）水平高差同步控制系统应具有当水平支承桁架两端高差达到30mm时能自动停机的功能。

附着式升降脚手架拼装及安装要求（图4-41）：

提升架从标准层首层楼面开始搭设。在标准层首层标高处搭设，平台宽度应控制在1.2~1.5m，平台的水平度要求为每10m不超过±20mm，平台搭设完毕后必须有加固卸荷措施，应在平台顶部按每3m一组水平拉杆和卸荷钢管对平台进行加固，平台承载能力为

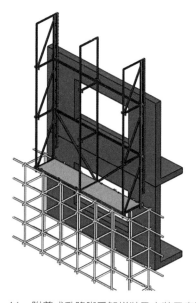

钢管与墙面之间的夹角应在30°~40°

图4-41 附着式升降脚手架拼装及安装示意图

$6kN/m^2$。具体技术参数标准如下：

1）宽度应控制在1.2～1.5m；

2）操作平台下部的脚手架步高不能大于1.5m；

3）操作平台内立杆离建筑物外围尺寸不能大于0.3m；

4）操作平台每跨跨度不能大于1.8m；

5）操作平台顶部内外排大横杆高差不能大于2mm；

6）操作平台水平度要求每10m跨度不能大于±20mm；

7）操作平台内外排立杆整体垂直度误差不能大于±10mm；

8）操作平台内外立面平面度误差不能大于30mm；

9）操作平台顶部位置剪力墙结构应搭设至标准层板面以上300～400mm处，框架结构应搭设至标准层板面以上1.2m；

10）平台承载能力必须达到$6kN/m^2$。

5 电梯井操作架

（1）无论采用何种方式，电梯井操作架及后续防护方式，均应编制专项安全施工方案。

（2）主体结构施工期间，在墙内预留180mm×180mm方孔，采用2根16号工字钢作为操作架支撑。分段搭设分段悬挑，架体高度不大于15m，步距不大于1.5m（图4-42～图4-45）。

6 平台

（1）悬挑式卸料平台（图4-46）

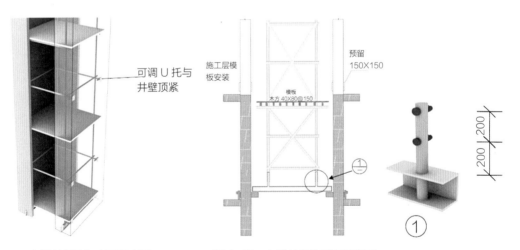

图 4-42 电梯井操作架立面示意图　　　图 4-43 电梯井操作剖面示意图

图 4-44 电梯井预埋工字钢示意图　　　图 4-45 操作平台示意图

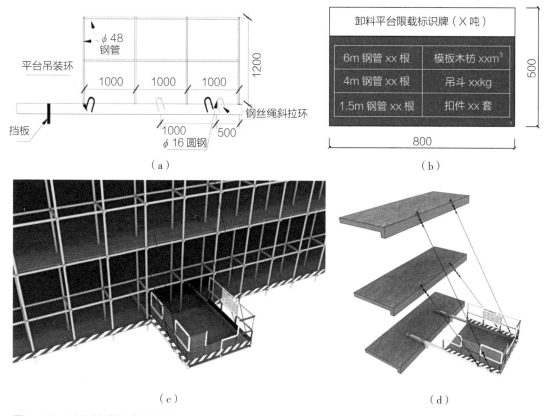

图 4-46　悬挑式卸料平台示意图

1）卸料平台应在搭设或制作前编制专项施工方案，方案应包含受力计算书。方案在通过审核、审批后方可在现场实施。

2）现场加工制作的悬挑式卸料平台应经受力计算，且应有制作图，制作完成后经设计人组织验收后方可使用。购买卸料平台应有合格证书。

3）卸料平台应采用型钢焊接成主框架，主挑梁型号不得小于18号槽钢，两侧应分别设置前后两道斜拉钢丝绳。锚固端预埋 $\phi20$ U形环，不宜埋设在结构悬挑部位。

4）钢丝绳直径应根据计算确定且不小于 $\phi18$，斜拉钢丝绳与平台间夹角应大于45°，主受力绳和安全绳固定点必须设置在主体承重结构上，且应分开设置。绳卡数量、间距按照规范设置。

5）卸料平台任何部位不得与外脚手架连接。

6）应在料台内显著部位悬挂详细的限载标识牌，外部设置总限载牌。

7）每次安装后均应进行验收，并做好记录。

（2）**移动式操作平台**（图4-47）

1）操作平台的面积不宜超过10m²，高度不宜超过5000mm。

2）移动式操作平台的轮子与平台的接合处应牢固可靠，立柱底端离地面不超过80mm，平台工作时轮子应制动可靠。

3）操作平台可采用ϕ48.3mm×3.6mm钢管以扣件连接，也可采用门架或承插型盘扣式钢管脚手架组装。平台的次梁间距不大于800mm，台面满铺脚手板。

4）操作平台四周按临边作业要求设置防护栏杆，并布置登高扶梯。

5）移动式操作平台工作使用状态时，四周应加设抛撑固定。

6）移动式操作平台应悬挂限重及验收标识。

7 高处作业吊篮

高处作业吊篮示意见图4-48。

（1）吊篮租赁单位应在省总站办理告知登记。吊篮安全锁应送具有相应资质的检验检测机构标定，标定的有效期限应符合产品说明书的规定且不超过1年。

（2）悬挂机构前支架严禁支撑在女儿墙上、女儿墙外或建筑物挑檐边缘。

（3）配重件应稳定可靠地安放在配重架上，并应有防止随意移动的措施。严禁使用破损的配重件或其他替代物。

（4）使用高度在60m及其以下的宜选用长边不大于6m的吊篮平台，使用高度在100m及其以下的宜选用长边不大于5m的吊篮平台，使用高度100m以上的宜选用不大于2.5m的吊篮平台。

（5）高处作业吊篮必须设置专为作业人员使用的挂设安全带的安全绳及安全锁扣。安全绳应固定在建筑物可靠位置上，并不得与吊篮上任何部位有连接。

（6）高处作业吊篮进场后，使用5年内的应按照3%、5年以上的应按5%的比例现场见

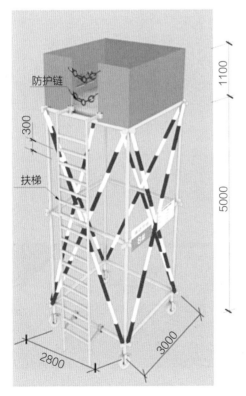

图4-47 移动式操作平台示意图

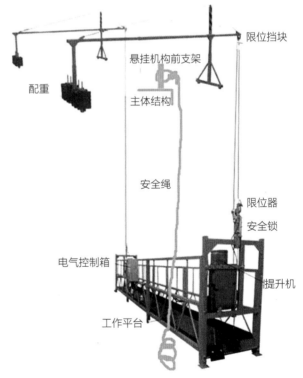

图4-48 高处作业吊篮示意图

证抽样检验，现场安装完成后应组织联合验收，合格后方可投入使用。

（7）吊篮内应设置限载标识，严禁超载。

（8）吊篮内作业人员须经安装单位培训合格后上岗，每个吊篮内不应超过2人同时作业。严禁作业人员从门窗、洞口上下吊篮。

4.2.3 临时用电

1 基本要求

（1）施工现场临时用电设备在5台及以上或设备总容量在50kW及以上时，应编制临时用电施工组织设计，履行审核审批后方可实施，使用前应组织验收，验收合格后方可投入使用。

（2）施工现场临时用电必须采用TN-S接零保护系统，实行三级配电、二级保护，做到"一机、一箱、一闸、一漏"。

（3）断路器和漏电断路器应选用经CCC认证的透明塑壳式产品，用电设备及器具应选用节能型产品。

（4）电工应持有效证件上岗；安装、巡检、维修或拆除临时用电设备和线路，必须由电工完成，并应有人监护。

（5）施工现场临时用电必须建立安全技术档案，临时用电应定期检查，应履行复查验收手续，并保存相关记录。

2 配电室

（1）配电室建筑顶棚距地面的高度应≥3m、距配电柜的顶部应≥0.5m；建筑物的耐火等级不低于2级，室内配置应急照明、砂箱和不少于2只3A干粉灭火器。

（2）配电室的门宽应≥0.75m、高应≥2m，门应外开并配锁。

（3）配电室的门内侧应设置高度500mm的挡鼠板，挡鼠板的上部应贴100mm宽的黑黄相间的反光带。

（4）配电室内应张贴配电平面图、配电系统图、用电管理制度、电工检查维修记录等。

（5）配电室前后应设置窗户或百叶，确保室内通风，窗户或百叶处必须采取防小动物措施。

集装箱型配电室效果图见图4-49。

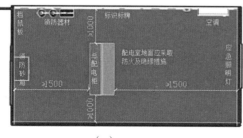
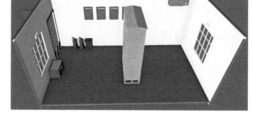

（a）　　　　　　　　　　　　　　（b）

图4-49　集装箱型配电室效果图

3 线路敷设

（1）采用架空敷设的线路，架设高度、间距、材质应符合要求，不得在现场内采用裸线架设（图4-50）。

（2）电缆线路埋设时，应绘制埋地线路图，埋地深度≥700mm，地面应设置电缆走向标识牌（图4-51）。

4 配电箱安装

（1）固定式配电箱、开关箱的箱体中心点与地面的垂直距离应为1.4~1.6m。移动式配电箱、开关箱的箱体中心点与地面的垂直距离应为0.8~1.6m。

（2）电焊机开关箱内应设置二次侧空载降压保护设施（图4-52）。

（3）金属箱门与金属箱体之间必须采用编织软铜线作电气连接。

（4）分配电箱与开关箱的距离应≤30m，开关箱与其控制的固定式用电设备的水平距离应≤3m（图4-53）。

5 接地与接零保护系统

（1）现场同一供电系统内，不允许一部分设备做保护接地，而另一部分设备做保护接零；电箱中应设两块端子板（工作零线N与保护零线PE），保护零线端子板与金属电箱相连，工作零线端子板与金属电箱绝缘。

（2）总配电箱、分配电箱中漏电保护器的额定动作电流应选用50~150mA，额定动作时间≥0.2s，但其额定漏电动作电流与动作时间的乘积应≤30mA·s。

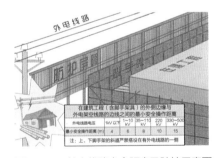

图 4-50　外电线路安全距离及防护示意图　　图 4-51　电缆埋地示意图

图 4-52　电焊机用电示意图

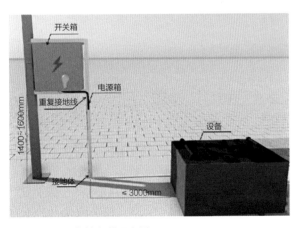

图 4-53　配电箱安装示意图

（3）开关箱中漏电保护器的额定动作电流应≤30mA，额定动作时间应≤0.1s。使用于潮湿或有腐蚀介质场所的，额定动作电流应≤15mA，额定动作时间应≤0.1s。

（4）漏电保护器应装设在配电箱、开关箱靠近负荷的一侧，且不得用于启动电气设备的操作。

（5）PE线必须在配电室、分配电箱和开关箱处做重复接地，重复接地装置的接地电阻值应≤10Ω。

（6）每一接地装置的接地线应采用2根及以上的导体，在不同点与接地体做电气连接。接地体采用镀锌钢管时壁厚应≥3.5mm，采用镀锌角钢时厚度应≥4mm。

具体参见图4-54～图4-56。

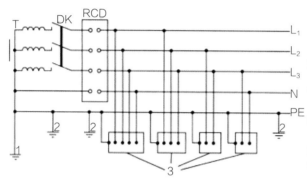

1—工作接地；2—PE 线重复接地；3—电气设备金属外壳（正常不带电的外露可导电部分）；L_1、L_2、L_3—相线；N—工作零线；PE—保护零线；DK—总电源隔离开关；RCD—总漏电保护器（兼有短路、过载、漏电保护功能的漏电断路器）；T—变压器

图 4-54　TN-S 接零保护系统示意图

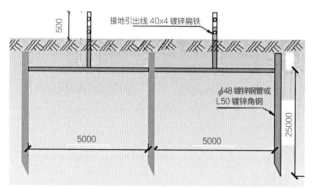

图 4-55　重复接地示意

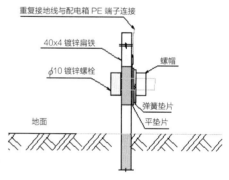

图 4-56　接地体连接节点示意图

4.2.4　高处作业防护

1　基本要求

（1）施工现场临边、洞口区域必须设置防护设施。防护设施应采用标准化、工具式防护设施。防护用栏杆柱、水平杆应做防锈处理，并刷红白相间间距300mm的安全警示色，在醒目部位设置"当心坠落、注意安全"等安全标志牌。

（2）安全防护设施搭设完毕后，应进行逐项检查，验收合格后方可投入使用（图4-57）。

（a）进场人员防护用品使用示意图

（b）安全帽

（c）安全平网

（d）密目式安全立网

图4-57　防护设施用品示意图

（3）安全帽、安全带进场应查验工业产品生产许可证、每年一次的周期性型式检验报告、出厂检验报告、产品合格证、特种劳动防护用品安全标志证书。安全帽按照进场数量≤500顶抽取3顶、501～5000顶抽取5顶、≥5001顶抽取8顶，进行见证抽样复试，合格后方可投入使用。

（4）施工现场应采购和使用五点式双安全绳安全带。安全带应高挂低用。

（5）安全帽分色应执行企业形象识别手册的要求。

（6）安全网材质、规格及其物理性能、耐冲击、阻燃性应满足标准要求，密目式安全立网的网目密度应不小于2000目/100cm^2。

2　洞口防护

（1）楼板、屋面和平台等面上短边边长＜500mm的非竖向洞口，必须用坚实的盖板覆盖。盖板应涂刷与长边成45°夹角、红白相间的斜线警示色带，并能防止挪动移位。

（2）短边边长为500～1500mm的非竖向洞口，应采用贯穿于混凝土板内的钢筋构成防护网，钢筋网格间距不得大于200mm，上方采用盖板覆盖。盖板应涂刷与长边成45°夹角、红白相间的斜线警示色带，并能防止挪动移位。

（3）短边边长在1500mm以上的非竖向洞口，四周设高度不低于1.2m的防护栏杆，采用密目式安全网或工具式栏板封闭，洞口下张设安全平网。

（4）通道口上方应搭设双层防护棚，其架体主要受力构件应经设计计算确定。顶部用

50mm厚木脚手板或等强度的材料铺设，上下两层间距不得小于700mm，上下两层脚手板铺设方向应相互垂直交错。

（5）防护棚沿建筑物方向伸出通道口每侧均不小于1000mm，垂直建筑物方向的宽度应不小于最大作业高度确定的坠落半径，但应≥4m。通道口的两侧应设置防护栏杆。

（6）对于窗台高度不足800mm的墙面洞口，应设置防护栏杆防护（图4-58）。

3 临边防护

（1）防护栏杆应由上、下两道横杆及栏杆柱、踢脚板组成，上杆离地高度为1.2m，下杆离地高度为0.7m，栏杆柱间距不应大于2m。踢脚板高度不低于180mm。

（2）坡度大于1∶2.2的屋面，防护栏杆应高1.5m，并加挂安全立网。除经设计计算外，横杆长度大于2m时，必须加设栏杆柱。

（3）楼层临边的防护栏杆应在栏杆内侧采用密目式安全立网或工具式栏板封闭（图4-59、图4-60）。

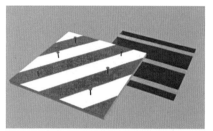
（a）边长小于500mm的非竖向洞口防护

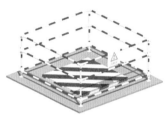
（b）边长500～1500mm的非竖向洞口防护

（c）边长大于1500mm的非竖向洞口防护

（d）窗台或剪力墙上高度不足800mm的竖向洞口防护

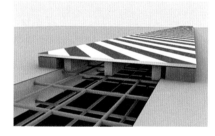
（e）后浇带防护

图4-58 洞口防护措施示意图

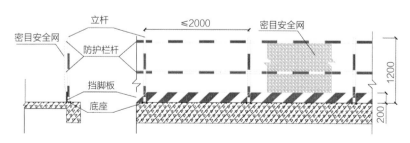
图4-59 楼层临边防护示意图

图4-60 楼梯临边防护示意图

（4）栏杆柱、水平杆、踢脚板均涂红白相间的安全警示色。

4 电梯井防护

（1）楼内电梯井口应采用高度≥1.5m的工具式防护门防护，下部设置高度≥180mm挡脚板，井内水平防护每层进行封闭。在井内有人作业时，在作业层以下每10m且不大于两层应张挂一道水平安全平网。

（2）主体施工操作层电梯井水平防护，可采用定型钢制平台防护，防护平台固定措施应经设计计算，满足施工安全防护强度要求（图4-61）。

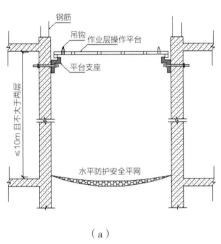

（a）

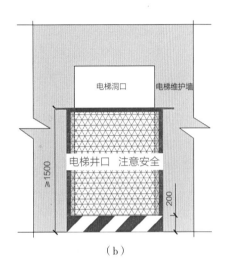

（b）

图 4-61 电梯井防护示意图

4.2.5 模板工程

1 基本规定

（1）模板支撑系统应优先选用技术成熟的定型化、工具式支撑体系（图4-62）。目前常用的支撑体系有钢管扣件式、碗扣式、轮扣式等脚手架。模板支架搭设材料必须有产品合格证和检测报告，应符合方案及规范的要求。

（2）模板工程应编制专项施工方案，并严格按规范和各地区有关规定、标准及方案进行施工。以下模板工程的专项施工方案还应通过专家论证，论证通过并经企业技术负责人、总监理工程师审查同意后方可实施：

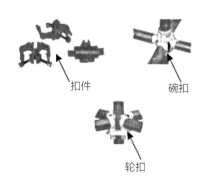

图 4-62 模板支撑体系连接形式示意图

1）各类工具式模板工程：包括滑模、爬模、飞模、隧道模等工程。

2）混凝土模板支撑工程：搭设高度8m及以上，或搭设跨度18m及以上，或施工总荷载（设计值）15kN/m²及以上，或集中线荷载（设计值）20kN/m及以上。

（3）模板工程施工前，必须由方案编制人对操作班组及人员就专项方案、搭设要求、构造要求和注意事项等进行书面安全交底，交底双方履行签字手续，并保留记录。

（4）模板工程施工中，应设专人负责检查，安装搭设完毕后，应组织检查验收，并留存验收记录。

（5）应建立模板拆除的审批制度，对照拆除的部位查阅混凝土强度实验报告，必须达到拆模强度时方可进行。

（6）在高处安装和拆除模板时，周围应设安全网和作业平台，并应加设防护栏杆。

（7）高架支模应优先选用碗扣式、承插型盘扣式脚手架支撑体系。

（8）模架基础应平实坚固，严格控制高宽比；模板支架搭设严禁与外架连接（图4-63）。

（9）模架立杆纵横间距、水平杆步距、立杆上部自由端高度应符合专项施工方案及规范要求，垫板、扫地杆、杆件接头、剪刀撑、U形顶托的选用和搭设应符合规范及方案要求。

（10）满堂支撑架的可调底座、可调托撑螺杆伸出长度应≤200mm，插入立杆内的长度应≥150mm。

2 特殊部位及要求

（1）后浇带部位模板应与其他部位分离进行单独支设。拆模时，后浇带部位模板不得拆除后，再重新支设（图4-64）。

（2）当支撑高度超过8m，或施工总荷载≥15kN/m²，或集中线荷载≥20kN/m的支撑架，扫地杆的设置层、竖向剪刀撑顶部交点平面均应设置水平剪刀撑（图4-65）。

（3）对于高度超过10m的模板支架，应距地面每不超过10m设置一道水平安全网防护。

（4）当模板支架的高宽比大于2或支架高度大于5m时，应从二步架开始将支架与结构柱采取抱柱措施。

3 液压爬升模板

（1）选用液压爬模施工（图4-66），必须编制专项施工方案，并经专家论证后方可实施。

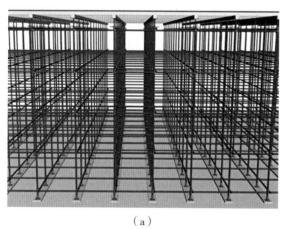

（a）

（b）

图4-63 模架基础做法示意图

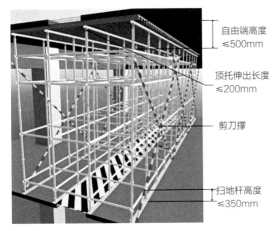

图 4-64 后浇带部位模板支撑体系示意图（碗扣式脚手架）

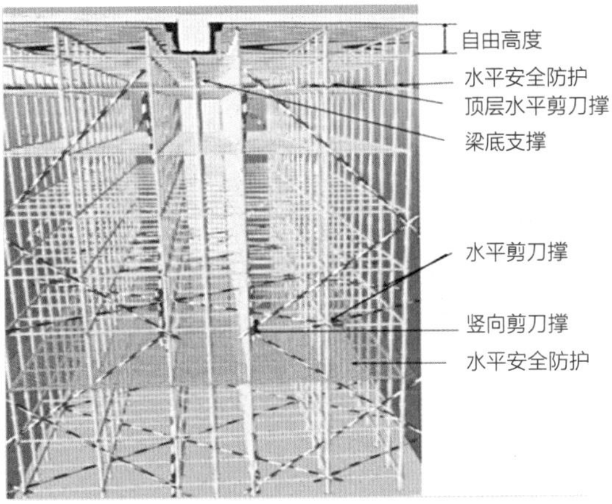

图 4-65 高度大于 8m 的模板支撑体系示意图

（2）爬模进场前，应审核产品出厂合格证和主要设备的合格证、鉴定（评估）证书；进场后，应组织对架体及模板构件等进行验收，合格后再进行安装。

（3）爬模在安装完毕首次爬升前、每次爬升作业前后，必须进行检查验收，合格后方可使用。

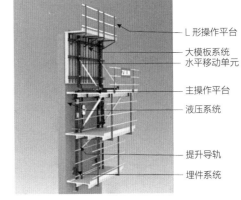

图 4-66 液压爬升模板结构示意图

4.2.6 基坑施工

1 基坑工程专项方案应按照住房城乡建设部《危险性较大的分部分项工程安全管理规定》（中华人民共和国住房和城乡建设部令第37号）、《住房城乡建设部办公厅关于实施〈危险性较大的分部分项工程安全管理规定〉有关问题的通知》（建办质〔2018〕31号）等文件进行编制审批后，方可在现场实施。

2 基坑开挖前应编制监测方案，并应明确监测目的、监测报警值、监测方法和监测点的布置、监测周期等内容。基坑开挖监测过程中，应根据设计要求提交阶段性监测报告。

3 基坑开挖必须按专项施工方案进行，并应遵循分层、分段、均衡挖土，保证土体受力均衡和稳定。

4 基坑开挖深度范围内有地下水，应采取有效的降排水措施，以确保正常施工（图4-67）。基坑底四周应按专项方案设排水沟和集水井，并应及时排除积水。基坑边坡应设置连续挡水墙，挡水墙高度不低于250mm。

5 基坑周边应设置标准化防护栏杆，防护栏杆距坑边距离应大于1m。基坑内应设人员上下专用通道（图4-68）。

6 坑边堆置土方距坑边上部边缘不少于1.5m。基坑周边不得堆放物料、机具等负荷较重的物料。

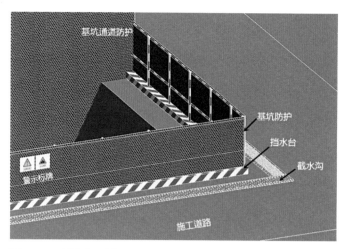

图 4-67　基坑施工排水及防护示意图

图 4-68　定型化网片式防护

4.2.7　起重设备

1　基本要求

（1）起重设备专业承包单位应具有起重设备安装专业承包资质，并将相关资质和设备技术资料报送企业审核，设备进场前签订专业承包合同。

（2）起重设备进场安装前，总包项目经理部必须组织进场联合验收，合格后方可安装。

设备安装前，安装单位应协助项目经理部向工程质量安全监督机构办理安装告知。安装、拆卸、顶升等作业前，应进行专项安全交底；安、拆作业时，专业承包单位项目负责人必须到场监督指导。

安装完毕，经具有相应设备检测资质的检测机构检测合格、总承包单位组织联合验收后，方可投入使用。出租单位在验收合格后30日内，向工程质量安全监督机构办理使用登记。

（3）起重机械司机、司索、指挥及安拆人员应当经建设行政主管部门考核合格，并取得建筑施工特种作业人员操作资格证书，方可从事相应作业。

（4）项目经理部不得购置和租用属于国家明令淘汰或者禁止使用的机械设备。机械设备规定使用年限：塔式起重机与施工升降机宜控制在5年以内，物料提升机3年以内。

（5）塔式起重机、施工升降机应采用人脸识别、指纹识别等实名制管理装置，做到定机、定人操作。

2　塔式起重机

（1）塔式起重机基础混凝土强度应满足产品设计说明书要求并不低于C30，地基承载力应满足说明书要求。塔机地基基础设计，应以工程的岩土工程勘察报告和塔机出厂说明书作为依据，必要时应在设定的塔机基础位置补充勘探点。

（2）塔式起重机附墙件应有厂家合格证，特殊情况制作的附墙件须厂家确认，验收合格后方可安装使用。

（3）塔式起重机安全装置应齐全、有效（图4-69），整机检测周期不超过1年。

（4）塔式起重机应设置障碍灯、风速仪、灭火器、避雷针等设施，并应随设备同时投入使用。

（5）塔式起重机安装时严禁将不同厂家、不同型号的标准节混装使用。

（6）附墙安装作业平台、司机上下通道、地面围栏应采用工具式防护（图4-71、图4-72）。

（7）同一现场内存在多台塔机作业时，应编制多塔作业防碰撞方案，采取防碰撞措施（图4-70）。

（8）应在地面塔身附近显著位置设置塔机安全公示牌（图4-73），公示内容包括：塔机使用安全规程、"十不吊"、塔机检测结果、操作人员及指挥人员特种作业证件、管理人员信息和安全警示标识等。

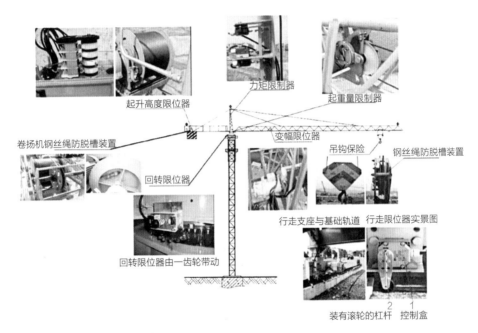

图 4-69　塔吊安全装置示意图

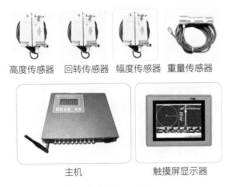

图 4-70　群塔作业防碰撞系统

图 4-71　塔吊标准化地面防护栏杆图

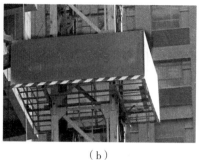

（a） （b）

图 4-72 塔吊附墙操作平台安装效果图

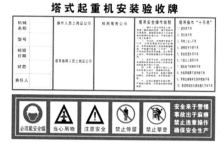

图 4-73 塔吊安全公示牌

3 施工升降机

（1）建筑物高度达到8层或25m时应安装施工升降机，并应优先选用具有变频功能的施工升降机。

（2）施工升降机基础设置应符合产品说明书，四周设置排水措施。

（3）施工升降机的防坠器必须经具有专业检验检测资质的机构每年标定一次，防坠器的出厂年限不得超过5年。

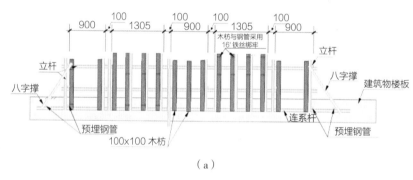

（a）

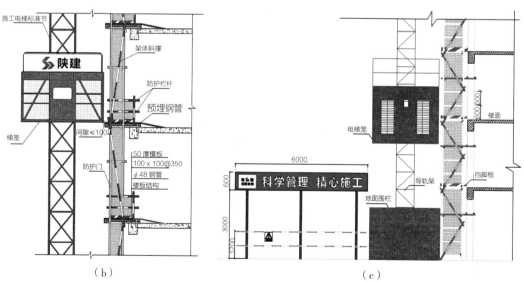

（b） （c）

图 4-74 施工升降机平台脚手架布置及防护示意图

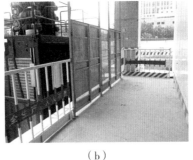

（a）　　　　　　　　　　（b）

图4-75　工具式楼层防护（翻板门技术）

图 4-76　施工升降机楼层呼叫
及指纹人脸识别系统

（4）施工升降机楼层平台架搭设应编制专项施工方案，超过24m的平台架应采取分段卸荷（图4-74、图4-75）。

（5）施工升降机必须设置楼层呼叫系统和司机实名制人脸识别系统，并应随设备同时投入使用（图4-76）。

（6）施工升降机层门高度应≥1.8m；层门应与吊笼实现机械联锁，层门应采用钢板或钢板网全封闭；当采用钢板网封闭时，网孔应≤30mm，并在层门下部设置≥200mm高的踢脚板；层门下侧与平台的间隙≤50mm，层门距平台的边缘≤100mm。

4.2.8　中小型机具

1　基本要求

（1）施工现场应设专人从事设备管理，及时完善设备台账；应在设备附近明显区域悬挂机械操作规程和安全警示标牌。机具操作人员应经过专门培训，方可上岗。

（2）施工机具进场应进行检查验收，合格后方可投入使用。

（3）设备安全防护装置应齐全、有效，传动部位应设置防护罩，保险装置灵敏、可靠；所有机械设备正常不带电的金属外壳均应做保护接零（图4-77、图4-78）。

2　使用与维护保养

（1）操作人员应按照机具使用说明书规定的使用条件正确操作，严禁超载作业或扩大使用范围。

（2）及时对机械按要求进行维修和保养工作，确保施工机具不带病运转。

（3）作业过程存在粉尘、噪声等污染的设备，应设置防尘、降噪措施。

（4）混凝土布料机存放、使用过程中必须有可靠的平台及缆风绳固定点。严禁操作人员在未固定缆风绳的情况攀

图 4-77　木工锯防护

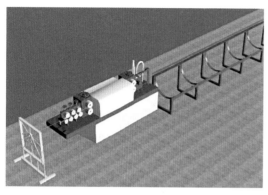

图 4-78　调直机端头防护示意图

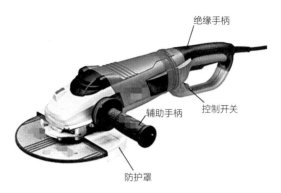

图 4-79　手持电动工具安全防护示意图

爬布料机。

（5）手持电动工具必须使用有绝缘手柄的工具，电源线必须有保护零线，严禁使用两芯线缆（图4-79）。

4.3　施工安全管理资料整编

4.3.1　资料收集、整编的基本要求

1 安全管理资料的收集、整编是工程项目施工安全达标工作的重要组成部分，是预防安全生产事故和提高文明施工管理的有效措施。

2 安全管理资料的收集、整编应与工程施工管理活动同步进行，真实反映项目安全管理全过程。

3 安全管理资料应字迹清晰，签字、盖章等手续齐全；记录必须采用A4纸打印或采用签字笔等书写；凡是需要签名的必须手写，不得打印。

4 安全管理资料应为原件，因故不能为原件时，必须在复印件上加盖资料提供单位的公章，并注明原件存放地点。

5 安全管理资料应分类组卷，卷内应有封面、目录、资料部分和封底，组成后的案卷应美观、整齐。

6 施工企业和项目经理部应设专人收集整理安全管理资料，不得外借。工程竣工验收前，项目经理部应向工程所在地建设工程质量安全监督管理机构申报安全标准化考评，并将项目安全标准化考评结果资料一并报送企业备案。

4.3.2　各参建单位安全资料管理的职责

1 建设单位的管理职责

（1）建设单位应负责本单位施工现场安全管理资料的管理工作，并监督施工、监理单位施工现场安全管理资料的整理。

（2）建设单位在申请领取施工许可证时，应提供该工程安全生产施工监管备案登记表。

（3）建设单位在编制工程概算时，应将建设工程安全防护、文明施工措施等所需费用专项列出，按时支付并监督其使用情况。

（4）建设单位应向施工单位提供施工现场场地地上、地下管线资料，气象水文地质资料，毗邻建筑物、构筑物和相关的地下工程等资料。

2 监理单位的管理职责

（1）监理单位应负责施工现场监理安全管理资料的管理工作，在工程项目监理规划、监理安全实施细则中，明确安全监理资料的具体要求及责任人。

（2）监理安全管理资料应随监理工作同步形成，并及时进行整理组卷。

（3）监理单位应对施工单位报送的施工现场安全生产专项措施资料进行重点审查认可。

3 施工单位的管理职责

（1）施工单位应负责施工现场施工安全管理资料的管理工作，在安全管理策划中按照规定列出各阶段安全管理资料的项目。

（2）施工单位应指定施工现场安全管理资料责任人，负责安全管理资料的收集、整理和组卷。

（3）施工现场安全管理资料应随工程建设进度及时形成，保证资料的真实性、有效性和完整性。

（4）实行工程总承包的工程项目，总承包单位应督促检查各分包单位施工现场安全管理资料的管理工作。分包单位应负责其分包范围内施工现场安全管理资料的形成、收集和整理。

（5）施工单位的安全生产专项措施资料应遵循"先报审、后实施"的原则，实施前向建设单位和监理单位报送有关安全生产的计划、方案和措施等资料，得到审查认可后方可实施。

4.3.3　安全资料分类与组卷

1 施工单位安全资料可分为安全管理、脚手架与平台、临时用电、高处作业防护、模板工程、基坑施工、起重设备、中小型机具八类，代号为AQ1～AQ8。当每一类有多项时，其资料代号可按项目依次分为AQ1-1、AQ1-2等。当一项中有多种资料时，资料代号可分别按AQ1-1-1、AQ1-1-2……依次排列。

2 过程收集资料内容详见表4-1。

施工安全达标过程资料收集一览表[①]　　　　　　表 4-1

序号	类别编号		工程安全资料名称	表格编号
1	AQ1 安全管理	AQ1-1 安全生产责任制	工程项目安全生产备案登记表	项目经理部
2			项目经理部组建及项目经理任命文件	施工企业
3			项目经理部安全生产领导小组建文件	施工企业
4			项目经理部管理人员配备名册、职业资格、岗位证书	AQ1-1-1
5			建设项目工伤保险参保证明或意外伤害保险单	项目经理部
6			项目经理部人员安全生产责任制	AQ1-1-2
7			各工种安全技术操作规程	AQ1-1-3
8			项目安全生产目标责任书	AQ1-1-4
9			项目安全目标责任分解表	AQ1-1-5
10			项目安全生产责任制和责任目标考核办法	AQ1-1-6
11			项目安全生产责任制和责任目标考核记录	AQ1-1-7
12			安全文明施工措施费管理制度及使用情况统计记录 / 建设单位安全文明施工措施费支付凭证	AQ1-1-8
13			项目安全例会制度及例会记录	项目经理部
14			项目负责人现场带班制度及带班记录	AQ1-1-9
15			项目适用的安全生产法律法规、标准规范目录及有效版本	项目经理部
16			企业、当地政府关于安全生产工作的规范性文件	项目经理部
17		AQ1-2 危险源识别与监控、施工组织设计及专项方案	项目危险源识别、风险评价清单	AQ1-2-1
18			具有不可接受风险的危险源及预控措施清单	AQ1-2-2
19			施工组织设计及报审表	项目经理部
20			危险性较大的分部分项工程识别清单	AQ1-2-3
21			危险性较大的分部分项工程安全专项施工方案清单及报审表	AQ1-2-4
22			超过一定规模的危险性较大的分部分项工程识别清单	AQ1-2-5
23			超过一定规模的危险性较大的分部分项工程专项施工方案清单及专家论证意见表	AQ1-2-6
24			超过一定规模的危险性较大工程作业监控记录	AQ1-2-7
25			危险源公示记录	AQ1-2-8
26		AQ1-3 安全技术交底	项目安全技术交底制度	AQ1-3-1
27			总包对分包的安全技术总交底记录（包括专业分包、劳务分包、设备分包等）	AQ1-3-2
28			项目技术负责人对项目管理人员的安全技术总交底记录	AQ1-3-3
29			危险性较大工程安全技术交底记录	AQ1-3-4
30			分部分项工程安全技术交底清单	AQ1-3-5
31			分部分项工程安全技术交底记录	AQ1-3-6
32			季节性安全技术交底记录	AQ1-3-7

序号	类别编号		工程安全资料名称	表格编号
33			项目安全检查制度	AQ1-4-1
34			总包对分包的安全检查记录	AQ1-4-2
35			隐患整改通知及回复反馈单	AQ1-4-3
36		AQ1-4 安全检查	施工企业、监理单位、地方政府对项目安全检查的记录（包括整改回复）	相关单位
37			项目安全生产标准化自评小组组建文件、安全生产标准化自评记录（每月）	AQ1-4-4
38			项目安全检测工具清单、检测工具校准记录	AQ1-4-5
39			"三违"处罚单	AQ1-4-6
40			安全员管理工作日志	AQ1-4-7
41			项目安全教育培训制度	AQ1-5-1
42			项目安全教育培训提纲及资料	AQ1-5-2
43			三级安全教育记录清单及记录	AQ1-5-3
44			进场安全知识考核试卷	AQ1-5-4
45		AQ1-5 安全教育培训	项目日常安全教育清单及教育记录	AQ1-5-5
46			管理人员安全教育培训记录	AQ1-5-6
47	AQ1 安全管理		班前安全活动制度	AQ1-5-7
48			班前安全活动、周讲评记录	AQ1-5-8
49			安全教育图片粘贴单	AQ1-5-9
50			分包单位清单	AQ1-6-1
51			分包安全基本条件报审记录	AQ1-6-2
52		AQ1-6 分包安全管理	分包安全生产管理协议	AQ1-6-3
53			分包单位项目组建及项目经理任命文件	分包单位
54			分包管理人员配备花名册	AQ1-6-4
55			分包进场劳务人员花名册	AQ1-6-5
56			特种作业人员管理制度	AQ1-7-1
57		AQ1-7 持证上岗	项目特种作业人员花名册及操作资格证	AQ1-7-2
58			特种作业人员体检表	分包单位
59			特种作业人员安全教育培训记录	AQ1-7-3
60			生产安全事故应急救援及报告处理制度	AQ1-8-1
61			项目生产安全事故应急预案	项目经理部
62		AQ1-8 应急救援及事件处理	应急救援人员名册及通信联络表	AQ1-8-2
63			应急救援器材及急救药品配备清单	AQ1-8-3
64			预案培训、演练记录及效果评价	AQ1-8-4
65			安全生产信息月报表	AQ1-8-5

序号	类别编号		工程安全资料名称	表格编号
66		AQ2-1 落地/悬挑/满堂脚手架及卸料平台	脚手架及转料平台专项施工方案	项目经理部
67			钢管、扣件、脚手板、工字钢等材质证明或进场确认记录	材料供应商
68			脚手架搭设、拆除安全技术交底记录	AQ2-1-1
69			脚手架分段、整体检查验收记录	AQ2-1-2
70			脚手架拆除审批、监控记录	AQ2-1-3
71			转料平台使用前检查验收记录	AQ2-1-4
72		AQ2-2 附着式升降脚手架	附着式升降脚手架专项施工方案	专业承包单位
73			架体的鉴定（评估）证书、行业推荐证书、告知性登记	专业承包单位
74			电动葫芦、防坠装置的出厂合格证	专业承包单位
75	AQ2 脚手架与平台		穿墙螺栓、钢梁、钢丝绳等的材质证明	专业承包单位
76			进场联合验收记录	专业承包单位
77			专业分包对现场作业人员的安全教育培训记录	专业承包单位
78			专业分包单位安装自检合格证明	专业承包单位
79			安装完毕首次提升前的联合验收记录	AQ2-2-1
80			提升、下降作业前检查验收记录	AQ2-2-2
81			提升、下降作业后检查验收记录	AQ2-2-3
82		AQ2-3 高处作业吊篮	高处作业吊篮专项施工方案	专业承包单位
83			产权单位营业执照、告知性登记、租赁合同、安全生产管理协议书	专业承包单位
84			产品合格证、使用说明书及行业推荐证书	专业承包单位
85			吊篮安装拆卸人员的操作资格证	专业承包单位
86			安全锁合格证及标定记录	专业承包单位
87			安装完毕自检合格记录	专业承包单位
88			吊篮安装完毕检测报告	专业承包单位
89			使用前的联合验收记录	AQ2-3-1
90			产权单位对使用人员培训考核合格证明	专业承包单位
91		AQ3-1 临时用电管理	临时用电管理责任制度	AQ3-1-1
92			与分包签订的临时用电管理协议书	项目经理部
93			临时用电施工组织设计	项目经理部
94			临时用电安全技术交底记录	AQ3-1-2
95	AQ3 临时用电		临时用电工程检查验收记录	AQ3-1-3
96			绝缘电阻测试记录	AQ3-1-4
97			接地电阻测试记录	AQ3-1-5
98			漏电保护器检测记录	AQ3-1-6
99			电工安装、调试、迁移、拆除工作记录	AQ3-1-7
100			电工巡检、维修工作记录	AQ3-1-8
101			用电设施交接验收记录	AQ3-1-9

序号	类别编号		工程安全资料名称	表格编号
102	AQ4 高处 作业 防护	AQ4-1 高处 作业 防护	劳动防护用品安全管理制度	AQ4-1-1
103			安全设施所需材料、设备的采购（租赁）及使用安全管理制度	AQ4-1-2
104			安全帽、安全带、安全网的生产许可证、产品合格证、经营或销售许可证、检测报告	材料供应商
105			防护用品进场查验登记表	AQ4-1-3
106			安全防护设施材料验收表	AQ4-1-4
107			防护用品发放记录	AQ4-1-5
108			提供给分包单位的安全防护用品交接验收记录	AQ4-1-6
109			临边与洞口防护方案	项目经理部
110			临边防护验收记录	AQ4-1-7
111			洞口防护验收记录	AQ4-1-8
112			防护设施拆除（移动）审批记录	AQ4-1-9
113	AQ5 模板 工程	AQ5-1 普通 模板 支架	模板工程专项施工方案	项目经理部
114			模板工程安全技术交底记录	AQ5-1-1
115			模板支架检查验收记录	AQ5-1-2
116			模板、作业平台支架安全要点检查表	AQ5-1-3
117			模板支架扣件拧紧抽样检查记录	AQ5-1-4
118			模板拆除审批监控记录	AQ5-1-5
119		AQ5-2 液压 爬升 模板	模板工程专项施工方案	专业承包单位
120			产品出厂合格证和主要设备的合格证/液压爬模的鉴定（评估）证书	专业承包单位
121			架体及模板构件、设备进场安装前验收记录	AQ5-2-1
122			安装完毕首次爬升前的联合验收记录	AQ5-2-2
123			专业分包对现场作业人员的安全教育培训记录	专业承包单位
124			爬升作业前检查验收记录	AQ5-2-3
125			爬升作业后检查验收记录	AQ5-2-4
126	AQ6 基坑 施工	AQ6-1 基坑 工程 施工	地上、地下管线及建（构）筑物等有关资料移交单	AQ6-1-1
127			土方开挖及基坑支护、降水专项施工方案	专业承包单位
128			基坑开挖及支护过程监控人委派书	专业承包单位
129			基坑工程安全技术交底记录	AQ6-1-2
130			基坑支护验收记录	AQ6-1-3
131			基坑安全监测专项施工方案	专业承包单位
132			监测单位营业执照、施工资质、安全生产许可证、阶段性监测报告	专业承包单位
133			基坑支护沉降观测记录、基坑支护水平位移观测记录	AQ6-1-4
134	AQ7 起重 设备	AQ7-1 塔式 起重机	塔式起重机产权登记证（新购置收集：特种设备制造许可证、产品合格证、检测报告、使用说明书、行业推荐证书）	专业承包单位
135			产权单位的营业执照、资质证书、安全生产许可证、告知登记、安拆人员/司机/司索指挥操作资格证	专业承包单位
136			最近一次检测报告、汽车吊检测报告	专业承包单位

序号	类别编号		工程安全资料名称	表格编号
137	AQ7 起重设备	AQ7-1 塔式起重机	塔式起重机安装/拆卸施工方案	专业承包单位
138			塔式起重机安装/拆卸告知	当地政府
139			塔式起重机使用登记	当地政府
140			塔机驾驶安全操作规程	AQ7-1-1
141			塔式起重机基础验收记录	AQ7-1-2
142			塔吊安装、拆卸任务书	AQ7-1-3
143			塔式起重机安全技术交底记录	AQ7-1-4
144			塔式起重机安装、拆卸过程记录	AQ7-1-5
145			塔式起重机进场查验表	AQ7-1-6
146			安装完毕自检记录、检测报告	AQ7-1-7
147			塔式起重机顶升加节验收记录	AQ7-1-8
148			塔式起重机附着锚固检查验收记录	AQ7-1-9
149			塔式起重机安装验收记录表	AQ7-1-10
150			塔式起重机周期检查表	AQ7-1-11
151			群塔作业安全专项施工方案（平面布置图、防碰撞措施）	项目经理部
152			塔式起重机运行及交接班记录	AQ7-1-12
153			产权单位对检查、维修人员的委派记录	专业承包单位
154			建筑起重机械定期检查维护记录	AQ7-1-13
155		AQ7-2 起重吊装	结构吊装工程专项施工方案	专业承包单位
156			吊装单位的营业执照、施工资质、安全生产许可证	专业承包单位
157			起重机出厂合格证、定期检测报告	专业承包单位
158			起重机验收记录	AQ7-2-1
159			司索指挥和起重机司机操作资格证	专业承包单位
160			安全技术交底记录（包括总包对分包、分包对操作人员）	项目经理部/专业承包单位
161		AQ7-3 施工升降机	施工升降机产权登记证（新购置收集：特种设备制造许可证、产品合格证、行业推荐证书、防坠器检（标）定记录、使用说明书）	专业承包单位
162			产权单位营业执照、安装资质证书、安全生产许可证、告知性登记、安/拆人员及司机操作资格证书	专业承包单位
163			最近一次检测报告、防坠器标定记录	专业承包单位
164			施工升降机安装/拆卸施工方案	专业承包单位
165			施工升降机安装/拆卸告知	当地政府
166			施工升降机基础验收表	AQ7-3-1
167			施工升降机安装完毕自检记录、检测报告	AQ7-3-2
168			施工升降机安装联合验收记录	AQ7-3-3
169			施工升降机使用登记记录	项目经理部
170			施工升降机加节验收记录	AQ7-3-4

序号	类别编号		工程安全资料名称	表格编号
171	AQ7 起重设备	AQ7-3 施工升降机	施工升降机运行及交接班记录	AQ7-3-5
172			施工升降机安装拆卸过程记录	AQ7-3-6
173			施工升降机每日使用前检查表	AQ7-3-7
174			施工升降机每月检查表	AQ7-3-8
175			施工升降机安装/拆卸安全技术交底记录	AQ7-3-9
176			产权单位对检查、维修人员的委派记录	专业承包单位
177		AQ7-4 物料提升机	特种设备制造安全认证证、产品合格证和检测报告、使用说明书、行业推荐证书	专业承包单位
178			产权单位营业执照、安拆单位的资质及安全许可证、安拆人员及司机操作资格证	专业承包单位
179			最近一次的检测报告	专业承包单位
180			安装/拆卸施工方案	专业承包单位
181			物料提升机安全技术操作规程	AQ7-4-1
182			物料提升机安装前自检记录、检测报告	AQ7-4-2
183			龙门架及井字架物料提升机安装验收记录	AQ7-4-3
184			物料提升机安全技术交底记录	AQ7-4-4
185			物料提升机运行记录	AQ7-4-5
186	AQ8 中小型机具	AQ8-1 中小型机具安全管理	施工机具安全管理台账	AQ8-1-1
187			施工机具进场检查验收记录	AQ8-1-2
188			各类机具安全操作规程	AQ8-1-3
189			各类施工机具安全技术交底记录	AQ8-1-4
190			提供给分包单位的机具交接验收记录	AQ8-1-5
191			施工机具维修保养记录	AQ8-1-6

注：①本表所含的表格可点击本书配套资源获取，具体网址可参考本书文前第2页。

第 5 章

工程质量创优

5.1 基本要求

建筑工程施工质量管理应贯穿项目管理全过程，需要科学管理、多方协调、精心策划、严格过程控制，通过计划、实施、检查、处理（PDCA）四个阶段的循环管理，从而形成一个高效的质量管理体系来保证工程质量目标的实现。在具体实施过程中，应坚持"策划先行、样板引路、过程控制、一次成优、持续改进"的管理思路。

5.2 项目施工质量管理流程

项目质量管理应流程化、标准化（图5-1），按照从确立质量目标、制定计划措施到总结提出改进措施等几个方面逐步实施，确保项目质量管理的稳步推动和持续改进。

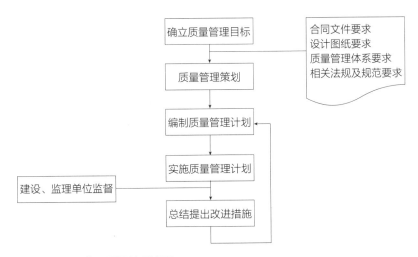

图 5-1 项目施工质量管理流程

5.3 工程施工质量管理体系

5.3.1 建立工程施工质量管理组织机构

工程施工质量管理组织机构是工程质量管理的主体，是实现工程质量目标的根本保证，工程施工质量管理组织机构应包括施工企业、项目经理部及作业班组三个层级，部门设置应涉及质量管理的各个环节，人员配备到位，应按项目规模设置相应人数的专职质量员（图5-2）。

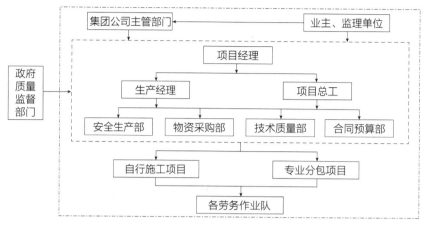

图 5-2　工程施工质量管理组织机构

5.3.2　完善质量管理制度及措施

项目在质量管理过程中，除了执行施工企业各项管理制度外，还应结合工程实际情况，制定有针对性的质量管理制度和措施（表5-1）。

项目质量管理制度[①]　　　　　　　　　　　　　　　　　表 5-1

序号	内容	编号	序号	内容	编号
1	质量责任制度	附件 5-1	13	工序交接制度	附件 5-13
2	质量教育培训制度	附件 5-2	14	质量旁站制度	附件 5-14
3	工程质量验收程序和组织制度	附件 5-3	15	质量交底制度	附件 5-15
4	隐蔽工程验收制度	附件 5-4	16	检验试验制度	附件 5-16
5	工程质量检查制度	附件 5-5	17	工程质量报表制度	附件 5-17
6	工程质量例会制度	附件 5-6	18	工程质量整改制度	附件 5-18
7	工程质量样板引路制度	附件 5-7	19	工程质量竣工验收制度	附件 5-19
8	工程成品保护制度	附件 5-8	20	工程质量事故报告制度	附件 5-20
9	工程质量奖罚制度	附件 5-9	21	工程质量事故调查处理制度	附件 5-21
10	工程质量创优制度	附件 5-10	22	工程质量回访制度	附件 5-22
11	劳动竞赛评比制度	附件 5-11	23	工程质量保修制度	附件 5-23
12	部门会签制度	附件 5-12	24	质量巡检制度	附件 5-24

注：①附件 5-1～附件 5-24 可点击本书配套资源获取，具体网址可参考本书文前第 2 页。

5.4 质量控制实施要点

5.4.1 施工组织设计及重要分部（分项）工程施工方案编制、审核

1 项目经理部在开工前应根据工程情况及施工进度计划制定工程项目技术方案编制总计划表，明确需编制的项目施工组织设计、分部（分项）工程施工方案、安全专项方案等工程项目技术方案，以及编制人和编制完成时间，工程项目技术方案应按照总计划表编制并经审核通过后执行。

2 施工组织设计包含以下内容：工程概况、编制依据、项目管理体系配置、施工部署（包括施工现场平面布置及施工进度计划）、主要分部分项工程施工方案、项目质量管理保证措施、项目工期保证措施、项目安全文明施工保证措施、绿色施工与环境保护措施、"四新"技术的应用等。

5.4.2 材料、设备进场验收

1 对涉及结构安全和使用功能的材料设备应进行联合验收，材料进场时，由监理工程师组织供货单位、施工单位根据进场材料、设备的具体情况，对材料、设备进行抽检、全数检验或送检。

2 材料、设备进入施工现场时，材料负责人应检查产品质量检验合格证、使用说明书、生产许可证、国家安全认证标志。对于进场的材料设备需检查是否与样品吻合一致，外观是否有缺陷等。

3 对于原材料、成品、半成品经检查不合格，必须及时退场，保留退场记录。材料退场时，必须由旁站监理、核对退场材料数量规格等是否与送货单一致。

5.4.3 地基与基础工程质量

1 地基与基础施工应根据工程地质情况和设计编制专项方案，并加强过程控制，施工满足规范及强制性条文的规定，保证地基与基础工程质量符合设计及规范要求。

2 地基与基础工程应按照规范要求在施工过程中形成施工质量记录，并由建设单位委托有资质的机构进行相关检测，检测类别、抽检数量和检测方式应符合规范要求，最终形成相关检测报告（图5-3、图5-4）。

5.4.4 主体结构工程质量

1 模板工程

（1）模板设计和制作

图 5-3　地基检测

图 5-4　检测报告

　　模板的选型、设计和配板是关系到混凝土外观质量的关键因素，因此应以模板体系的选型为重点，综合考虑工程的结构形式和特点等诸多因素进行模板的配板和设计，同时加强对阴阳角、模板接缝、梁柱节点、门窗洞口等节点部位模板的加工和拼装质量控制。面板材料宜选用钢材、铝型材、竹胶板、胶合板、塑料等（图5-5、图5-6）。

　　模板工程支模体系应进行安全计算，在设计计算时应进行脚手架支撑体系中模板及方木的抗弯强度、抗剪及挠度的计算、钢管抗弯强度及挠度的计算、扣件的抗滑移计算、架体的稳定性计算和楼板或基础的承载力计算等。

　　（2）墙柱模板安装

　　模板根部应找平，并弹出模板安装位置线及控制线（图5-7、图5-8）。合模前检查钢筋、水电预埋管件、门窗洞口模板、穿墙套管是否遗漏，位置是否准确，安装是否牢固等，经校正垂直后，再进行模板加固。

　　（3）梁板模板安装

　　根据模板标高控制线调整顶托高度，模板铺完后，拉通线测量模板的标高，进行校正、调整，检查模板平整度（图5-9、图5-10）。对跨度不小于4m的现浇钢筋混凝

图 5-5　竹质胶合板

图 5-6　铝合金模板

图 5-7 墙体模板控制线图

图 5-8 铝合金柱模板

图 5-9 梁模支设

图 5-10 顶板模板

土梁、板，其模板应按设计要求起拱；当设计无具体要求时，起拱高度宜为跨度的1/1000~3/1000。

（4）后浇带及施工缝模板安装

后浇带和结构各部位的施工缝，应按规范或设计规定的位置、形式留置，模板固定牢固，确保留槎截面整齐和钢筋位置准确（图5-11）。

2 钢筋工程

（1）原材质量

材料进场时应检查验收，做好验收记录，同时检查供应商提供的材质质量证明及合格证、发货清单等。钢筋进场验收要检查外观、标牌、数量、规格尺寸，并见证取样进行物理性能检测，主要检测指标有：屈服强度、抗拉强度、伸长率、弯曲性能及单位长度重量偏差等；有抗震要求的还应按规范及设计要求进行钢筋强屈比、屈标比等抗震性能检测；当发现钢筋脆断或力学性能显著不正常等现象时，应对该批钢筋进行化学成分检验或其他专项检验（图5-12、图5-13）。合格后方可投入使用，现场应分类堆放、标示清晰。

（a）

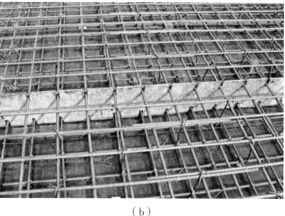
（b）

图 5-11　后浇带模板安装

图 5-12　钢筋料场

图 5-13　原材复试报告

（2）钢筋制作

严格控制钢筋半成品加工质量，钢筋平直、切断、弯曲、焊接、连接质量，必须符合规范、规程、标准和抗震等要求。应分规格堆放，并有标示牌，标明半成品编号、直径、规格尺寸和使用部位（图5-14、图5-15）。

（3）钢筋接头

钢筋绑扎搭接、焊接连接和机械连接，应遵守专项操作规程且接头质量符合规范标准。焊接及机械连接接头应按规定进行型式检验，检测单位应提供试验和检验报告（图5-16、图5-17）。

（4）钢筋绑扎

钢筋安装绑扎质量，钢筋的型号、直径、外形、尺寸、位置、排距、间距、接头位置等，应符合规范、规程、标准要求。

（5）钢筋保护层控制

控制保护层的措施应合理、有效，依据钢筋直径大小，合理安放水泥砂浆垫块、塑料卡子、马凳或定型卡具，垫块的厚度尺寸、位置、间距、数量应确保混凝土振捣不移位、不脱落（图5-18、图5-19）。

图 5-14　钢筋加工样板

图 5-15　箍筋堆放

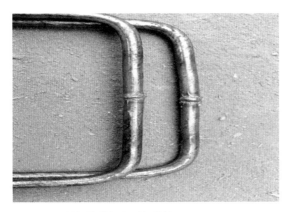

图 5-16　封闭箍筋闪光对焊连接

图 5-17　钢筋直螺纹连接

图 5-18　马凳筋

图 5-19　现浇板筋塑料垫块

3 混凝土工程

（1）预拌混凝土的质量要求

混凝土配制的强度等级和性能，应符合设计和规范要求，并满足施工需要，原材料、配合比、强度及坍落度等应满足设计和泵送工艺的要求，提供每次出厂合格证及配合比报告等资料。

混凝土浇筑过程中，应按有关规定见证取样，抽测坍落度和制作标养试块和同条件养护试块，并按规定时间对试块强度进行检测。标养试块可在泵送地点制作，同条件养护试块宜在浇筑振捣地点制作。同条件试块必须与结构部位同条件养护，并用钢筋笼等加锁保管。

（2）混凝土浇筑

混凝土浇筑前，应对模板和钢筋进行检查，清除模板内杂物和冰雪，检查和放置保护层垫块、马凳等，钢筋骨架上应铺设马道跳板，严防踩压钢筋骨架。

竖向结构混凝土灌注前，应先均匀虚铺30～50mm厚与混凝土内砂浆相同配比的水泥砂浆，以防烂根。

混凝土浇筑的自由倾落高度不应大于2m，浇筑时应分层下料、分层振捣，最大分层厚度不大于500mm。浇筑过程中，应经常检查模板、支撑、钢筋及预埋留洞的状况，发现变形、移位应及时停止浇筑，并应在已浇筑混凝土终凝前修复完毕。

混凝土标高控制见图5-20，磨光机收面工艺见图5-21。

（3）混凝土养护

混凝土养护可采用浇水或养护液养护的方法。对已浇筑完毕的混凝土，应在12h后加以浇水覆盖养护，普通混凝土养护期不得少于7d，抗渗混凝土养护期不得少于14d。高温施工时宜采用覆盖塑料布或麻袋片，并保持混凝土表面有凝结水；冬期施工时，采用覆盖塑料布和防火保温被养护。

4 砌体工程

（1）原材料质量

砌体工程所用材料应有产品合格证书、产品性能检测报告。块材、水泥、钢筋、外加剂等应有材料主要性能的进场复试报告，严禁使用国家明令淘汰的材料。

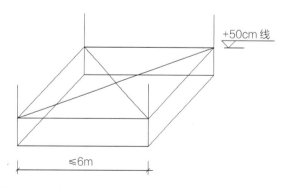

图 5-20　混凝土标高控制

图 5-21　磨光机收面

（2）灰缝及砂浆饱满度

砖砌体的灰缝应横平竖直，厚度均匀，密实饱满，不得出现明缝、瞎缝和假缝。砂浆饱满度不低于80%，灰缝厚度控制在8～12mm。砌筑时应制作砂浆试块，并按规定时间检测试块强度（图5-22、图5-23）。

（3）拉结筋设置

根据设计要求在需要砌筑墙体的位置及砌块排砖图放出植筋定位线。孔位放线应避让原结构内主筋，以免损伤原结构钢筋。拉结钢筋安置于灰缝中，埋置长度应符合设计要求，竖向位置偏差不应超过一皮砖高度。

（4）构造柱节点控制

构造柱与墙体连接处应砌成马牙槎，马牙槎应先退后进，尺寸为60mm，每一组马牙槎高度不应超过300mm。马牙槎的留置不得削弱构造柱截面尺寸（图5-24、图5-25）。

5 钢结构工程

（1）深化设计

钢结构加工制作前，可利用BIM技术进行深化设计、碰撞检查、构件预拼装、虚拟施

图 5-22 砌体砌筑样板

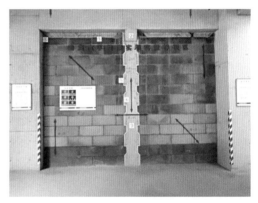

图 5-23 砌体质量检查样板

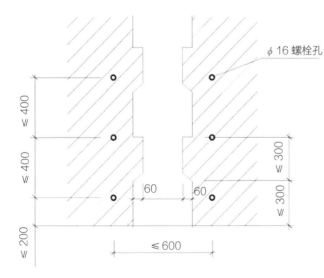

图 5-24 构造柱马牙槎留置示意图

图 5-25 构造柱支模

工等（图5-26、图5-27）。

（2）原材料质量

钢结构工程所用的材料、规格、性能等应符合现行国家标准和设计要求，应具有相应的材质证明和出厂合格证等。

（3）钢结构安装

安装过程中构件的螺栓连接、焊接及安装尺寸等应满足规范要求。钢结构工程应进行原材力学性能检测、焊接质量无损检测、防腐及防火涂装检测、高强度螺栓连接摩擦面抗滑移系数检测、高强螺栓预拉力检测、高强度大六角头螺栓连接副扭矩系数检测等。

钢结构安装可采用BIM技术进行预拼装模拟指导现场施工，对节点中的重点、难点提前预控，确保现场安装质量（图5-28、图5-29）。

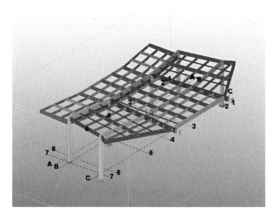

图 5-26 钢结构深化设计

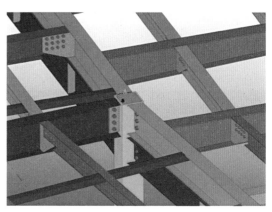

图 5-27 钢结构深化设计节点

图 5-28 钢结构安装

图 5-29 钢梁及桁架安装

5.4.5 装配式混凝土结构

1 混凝土预制构件出厂前，构件厂应对构件进行质量检查，出具构件质保资料及出厂合格证。同时预制混凝土构件应在明显部位标明工程名称、生产单位、构件型号、生产日期和质量验收标志。构件的运输、保存及安装过程中可以引入二维码进行物料追踪，对每块预制构件制作一个特定身份证（图5-30）。

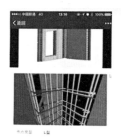

产品信息码　　　　　　　　　　　　　　三维展示码

（a）　　　　　　　　　　　　　　　　　（b）

图5-30　二维码管理

2　预制构件安装施工前，施工单位应编制
预制构件安装施工方案，对预制构件安装制定专
项技术、质量和安全保证措施。

3　预制构件进场后，应按品种、规格及吊
装顺序等分类堆放（图5-31）；堆放架应具有足
够的承载力和刚度；堆放场地应平整、坚实。

4　施工前运用BIM技术进行装配施工模拟，
注重节点控制、构件支撑体系与钢筋节点安装碰
撞检查，细化节点施工（图5-32）。

图5-31　预制构件堆放

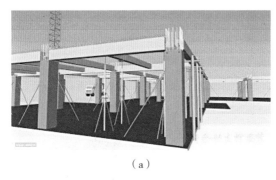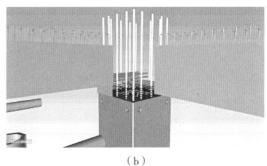

（a）　　　　　　　　　　　　　　　　　（b）

图5-32　节点模拟检查

5　墙、板支撑体系，应提前做好深化设计，确保支撑体系的安全稳定及拆装方便，
同时支撑及吊装预留预埋位置应准确无误（图5-33）。

6　装配式结构构件可采用焊接连接、螺栓连接、套筒灌浆连接等连接方式。连接部
位应进行重点质量监控，确保连接的可靠性（图5-34）。

7　预制构件安装过程中重点控制好吊装精度及放线测量工作，吊装就位后，应用靠
尺核准墙体垂直度，固定好支撑（图5-35、图5-36）。

8　管道护墩、多水房间挡水坎台等小型构件也可利用工厂集中预制加工，现场安
装，降低劳动力，提高工效的同时，也确保了施工质量（图5-37、图5-38）。

（a）

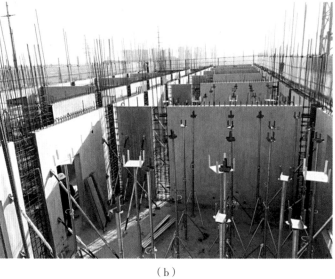
（b）

图 5-33　支撑体系

图 5-34　灌浆过程记录

图 5-35　垂直度检查

图 5-36　叠合梁、板吊装

图 5-37　屋面天沟

图 5-38　管道护墩

5.4.6 机电管道预留预埋质量

1 深化设计

机电管道在预留预埋之前，应对原图纸进行二次优化，以避免水、电、通风各个系统的碰撞，并对管道进行综合排布，根据管道穿过墙面及楼板的情况，确定出合理的预留孔洞位置，避免施工返工（图5-39、图5-40）。

2 箱、开关、插座的预埋应满足相关规范要求，位置准确，标高、间距一致（图5-41、图5-42）。

3 配电箱（盒）安装时应和墙面平齐，并应进行油漆防腐，跨接接地，箱（盒）内清洁无垃圾（图5-43、图5-44）。

4 采用U-PVC成品防水套管预埋。根据图纸各排水点位及尺寸套管的安装位置，精准定位、放线，在板钢筋未绑扎前，将防水套管固定于模板上（图5-45）。

5 安装在楼板内的套管，底部与楼板底齐平，安装在卫生间及厨房等多水房间内的套管，其顶部应高出装饰地面50mm，其余房间其顶部应高出装饰地面20mm。穿过楼板的套管与管道之间缝隙应用阻燃密实材料和防水油膏填实，端面光滑。穿墙套管与管道之间缝隙宜用阻燃密实材料填实，且端面应光滑（图5-46、图5-47）。

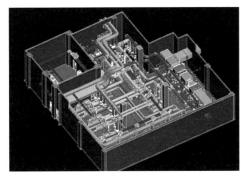

图 5-39 BIM 管线综合排布

图 5-40 机电深化设计

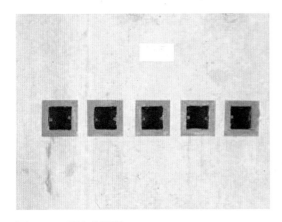

图 5-41 配电盒预留

图 5-42 配电箱预留

图 5-43　电气焊接管盒一次预埋

图 5-44　配电箱一次预埋

（a）

（b）

图 5-45　PVC 套管预埋一次成型

图 5-46　墙体预埋刚性防水套管

图 5-47　底板预埋刚性防水套管

6 防水套管应一次性浇筑于混凝土内，不得漏埋。预埋套管时，应严格按照图中的位置、尺寸，按套管编号进行预埋，纵向、水平偏差应控制在20mm内。套管定位后，应用钢筋在其四周将套管固定，以免移位。然后在套管内填充填料，填料应紧密捣实，以免混凝土灌入套管内，方便以后清理。

5.5　BIM 技术应用

5.5.1　图纸问题梳理

将设计图纸存在的潜在问题，通过建模过程及虚拟漫游等功能在施工前就予以暴露，以便及时进行优化和变更，在提升图纸会审管理效率的同时，确保了工程质量（图5-48、图5-49）。

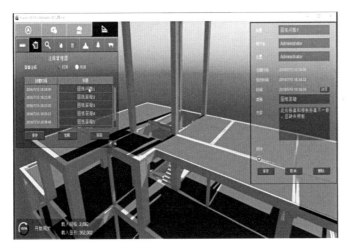

图 5-48　土建模型问题

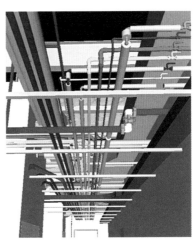

图 5-49　机电安装模型问题

5.5.2　施工方案模拟及优化

通过BIM技术对专项施工方案进行辅助编制、模拟、优化（图5-50、图5-51），能够对专项施工方案中涉及的新技术、新设备及复杂工序等进行空间展示。同时，配合简单的文字描述，降低了管理人员及操作人员的认识难度，进一步确保了施工方案的精密性和可实施性。

5.5.3　技术交底管理

通过BIM技术的三维、四维技术交底管理，使施工人员对工程项目的技术要求、质量要求及施工方法等产生更加细致深入的认识和理解，避免了传统交底模式下内容晦涩难懂、交底不彻底的问题（图5-52、图5-53）。

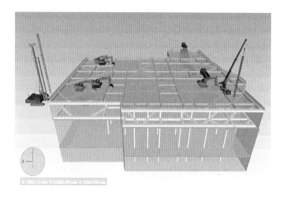

图 5-50　工序模拟

图 5-51　运输模拟

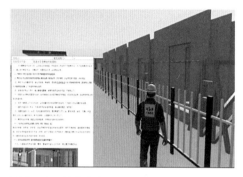

图 5-52　技术交底

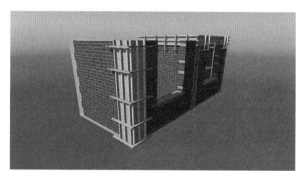

图 5-53　交底模型

5.5.4　碰撞检查及深化设计管理

依据原有设计文件，通过创建模型、碰撞检查、模型校核、工程量统计等阶段，生成深化设计图纸。BIM技术的碰撞检测及深化设计能够实现设计冲突问题的自动检测，速度快、效率高（图5-54、图5-55）。

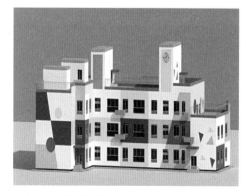

图 5-54　外墙深化设计模型

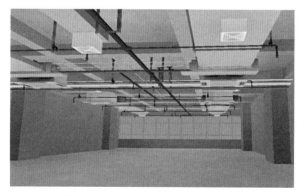

图 5-55　管道深化设计模型

5.5.5 基于放线机器人的质量管理

BIM技术与放线机器人结合应用，将BIM模型导入放线机器人，利用模型中的三维空间坐标数据驱动机器人进行测量，为各专业深化设计提供依据的同时，结合施工现场轴网，可高效、快速地将设计成果在施工现场进行标定，实现精确的施工放样（图5-56、图5-57）。

图 5-56　模型数据　　图 5-57　施工放线

5.5.6 基于点云扫描仪的质量管理

利用激光扫描建筑物或现场环境，通过点云数据逆向创建BIM模型，提升建模速度和精度，为图纸设计提供便利，此技术也可对施工完成的建筑物进行数据采集，并与设计图纸进行分析对比，检查施工质量是否符合要求（图5-58、图5-59）。

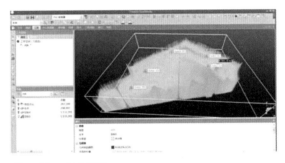

图 5-58　数据采集　　　　　　　图 5-59　点云模型

5.5.7 质量协同管理

通过将BIM技术和云技术相结合，质量管理人员通过手持移动终端，对所发现的质量问题以"图钉"的方式在BIM模型上进行标记，结合现场图像反馈至云平台，辅助实现质量协同管理（图5-60、图5-61）。

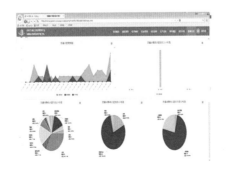

图 5-60　上传质量问题　　　　图 5-61　质量问题统计分析

5.6 工程质量验收

5.6.1 建筑工程质量验收的划分

1 建筑工程施工质量验收应划分为单位工程、分部工程、分项工程和检验批。

2 单位工程应按下列原则划分：

具备独立施工条件并能形成独立使用功能的建筑物或构筑物为一个单位工程；对于规模较大的单位工程，可将其能形成独立使用功能的部分划分为一个子单位工程。

3 分部工程应按下列原则划分：

可按专业性质、工程部位确定；当分部工程较大或较复杂时，可按材料种类、施工特点、施工程序、专业系统及类别将分部工程划分为若干子分部工程。

4 分项工程可按主要工种、材料、施工工艺、设备类别进行划分。

5 检验批可根据施工、质量控制和专业验收的需要，按工程量、楼层、施工段、变形缝进行划分。

5.6.2 建筑工程质量验收

1 检验批质量验收合格应符合下列规定：

主控项目的质量经抽样检验均应合格；一般项目的质量经抽样检验合格，当采用计数抽样时，合格点率应符合有关专业验收规范的规定，且不得存在严重缺陷；具有完整的施工操作依据、质量验收记录。

2 分项工程质量验收合格应符合下列规定：

所含检验批的质量均应验收合格；所含检验批的质量验收记录应完整。

3 分部工程质量验收合格应符合下列规定：

所含分项工程的质量均应验收合格；质量控制资料应完整；有关安全、节能、环境保护和主要使用功能的抽样检验结果应符合相应规定；观感质量应符合要求。

5.6.3 建筑工程质量验收的程序和组织

1 检验批应由专业监理工程师组织施工单位项目专业质量检查员、专业工长等进行验收。

2 分项工程应由专业监理工程师组织施工单位项目专业技术负责人等进行验收。

3 分部工程应由总监理工程师组织施工单位项目负责人和项目技术负责人等进行验收。勘察、设计单位项目负责人和施工单位技术、质量部门负责人应参加地基与基础分部工程的验收。设计单位项目负责人和施工单位技术、质量部门负责人应参加主体结构分部工程的验收。

5.7 技术资料管理

5.7.1 技术资料收集、整编的基本要求

1 建设工程文件应与工程建设过程同步形成、收集和整理，能真实地反映工程建设情况和实体质量，严禁后补资料。当部分资料缺失时，应委托有资质的检测机构按有关标准进行相应的实体检验或抽样试验。

2 建设工程文件应为原件，当为复印件时，文件提供单位应在复印件上加盖单位印章，注明原件存放地点，并应有经办人签字及经办日期，提供单位应对文件的真实性负责。

3 建设工程文件应字迹清楚、图表清晰、内容完整，深度应符合工程勘察、设计、施工、监理等相关规范、标准的规定，结论明确，签字盖章手续完备。

4 建设工程文件的签字人员应持有相应的资格证书，并承担相应的责任。

5 工程文件管理人员应经过工程文件归档整理的专业培训并持证上岗。

6 工程文件的整编及表格应用应按照《建筑工程施工质量验收统一标准》GB 50300—2013、《建设工程文件归档规范》GB/T 50328—2014、《建筑工程资料管理规程》JGJ/T 185—2009及各地方现行规范、标准进行收集和整理。

5.7.2 各参建单位技术资料管理职责

1 建设单位职责

（1）建设单位应当严格按照国家有关档案管理的规定，及时收集、整理工程建设各环节的工程文件，建立健全工程建设档案。

（2）负责本单位工程文件的管理工作，应设专人进行收集、整理、立卷和归档。

（3）工程开工前，与城建档案管理部门签订《建设工程竣工档案责任书》。

（4）在与勘察、设计、施工、监理等单位签订合同时，应明确工程档案的整编套数、整编单位、质量要求和移交时间等内容。

（5）建设单位应当委托具有相应资质的工程质量检测单位进行工程质量检测，并签订书面合同。不得将工程中的一项检测业务拆分委托不同的检测单位。

（6）由建设单位提供的建筑材料、构配件和设备，建设单位应提供相应的质量证明文件，并对其承担相应的质量责任。

（7）当设计有沉降观测要求时，建设单位应委托有资质的观测单位对工程进行沉降观测。

2 勘查、设计单位职责

（1）应按合同和规范要求提供勘察、设计文件。

（2）对国家及地区规定应签认的工程文件签署意见，并出具工程质量检查报告。

3 监理单位职责

（1）应负责监理文件的管理工作，并设专人对监理资料进行收集、整理和归档。

（2）按照合同约定，在勘察、设计阶段，对勘察、设计文件进行监督、检查；在施工阶段，对施工单位的工程资料进行监督、检查，确保工程资料的完整性、准确性符合有关要求。

4 施工单位职责

（1）应负责施工文件的管理工作，实行技术负责人负责制，逐级建立健全施工资料管理岗位责任制。

（2）施工单位负责汇总分包单位整编的施工文件，分包单位应负责其分包范围内施工资料的收集和整理，并对施工资料的真实性、完整性和有效性负责。

5.7.3 技术资料质量要求

1 工程准备阶段文件

工程准备阶段文件包括建设工程前期的各项建设手续，由建设单位按照国家省市相关规定办理。文件的审批时间符合法定程序要求，各责任主体单位名称、面积等应保持一致。主要内容如下：

（1）立项文件、建设用地及拆迁文件、勘察、设计文件、招投标文件、开工审批文件、工程造价文件均由建设单位提供。

（2）工程概况信息表主要记录建设工程的基本信息，由建设单位填写。

（3）建设、监理、设计、勘察、施工单位法人代表授权书或任命文件，由五方责任主体单位分别填写，必须经企业法人签字认可，也可由五方责任主体单位分别出具项目负责人的任命文件。

（4）工程质量终身制承诺书：由相关单位填写，承诺人签名，加盖单位公章。

（5）企业资质证书及相关专业人员岗位证书审查表，由责任主体单位分别填写为工程配备的相关专业人员并附相应的企业资质证书及相关人员的资格证书。

2 监理文件

（1）监理单位应在工程开工前，由项目总监按相关规定确定本工程的见证人员，出具见证人员备案表，见证人应履行见证职责，填写见证记录。

（2）工程竣工验收合格后，项目总监及建设单位代表应共同签署竣工移交证书，并加盖监理单位、建设单位公章。项目总监应组织编写监理工作总结并提交建设单位。

3 施工文件

施工文件由施工管理文件、施工技术文件、进度造价文件、施工物资出厂质量证明及进场检测文件、施工记录文件、施工试验记录及检测文件、施工质量验收文件、竣工验收文件等八类组成。主要内容如下：

（1）施工管理文件

单位（子单位）工程概况表由施工单位按照设计要求填写。专业工程概况表为各专业统一用表，由施工单位（专业分包单位）按照各专业设计要求填写。

施工现场质量管理检查记录：由施工单位、分包单位根据现场的质量管理情况填写。

对各专业有特殊要求的质量管理检查，可根据专业规范要求填写。

拟选检验单位确认表：由建设单位填写，表后附该检验单位的资质证书、人员岗位证书、计量器具检定证书等文件，经监理单位和建设单位确认，并告知施工单位。

取样、送样、见证人授权书：由相关责任单位填写，当有多家检验单位时，必须针对每家检验单位出具多份授权书并发文至该授权书涉及的相关单位。

施工日志：由施工单位、分包单位各自填写，施工日志应自工程开工之日起至工程竣工验收之日止，全面而详细记录施工当天的进度、质量、安全、物资进场以及施工中发生的问题和处理情况。

（2）施工技术文件

施工组织设计应在开工前按照《建筑施工组织设计规范》GB/T 50502—2009要求编制，由项目经理组织编制、施工单位技术负责人审批。

施工单位应当在危大工程施工前组织工程技术人员编制专项施工方案。

实行施工总承包的，专项施工方案应当由施工总承包单位组织编制。危大工程实行分包的，专项施工方案可以由相关专业分包单位组织编制。

专项施工方案应当由施工单位技术负责人审核签字、加盖单位公章，并由总监理工程师审查签字、加盖执业印章后方可实施。

危大工程实行分包并由分包单位编制专项施工方案的，专项施工方案应当由总承包单位技术负责人及分包单位技术负责人共同审核签字并加盖单位公章。

对于超过一定规模的危大工程，施工单位应当组织召开专家论证会对专项施工方案进行论证。实行施工总承包的，由施工总承包单位组织召开专家论证会。专家论证前专项施工方案应当通过施工单位审核和总监理工程师审查。

专家应当从地方人民政府住房城乡建设主管部门建立的专家库中选取，符合专业要求且人数不得少于5名。与本工程有利害关系的人员不得以专家身份参加专家论证会。

专家论证会后，应当形成论证报告，对专项施工方案提出通过、修改后通过或者不通过的一致意见。专家对论证报告负责并签字确认。

专项施工方案经论证需修改后通过的，施工单位应当根据论证报告修改完善后，重新履行《危险性较大的分部分项工程安全管理规定》（中华人民共和国住房和城乡建设部令第37号）规定的程序。

专项施工方案经论证不通过的，施工单位修改后应当按照规定的要求重新组织专家论证。

检验、检测计划：开工前施工单位应分别编制检验和检测计划，并由项目总监确认。检验计划中检验批抽样样本应随机抽取，满足分布均匀、具有代表性的要求，抽样数量应符合相关专业验收规范的规定。检测计划中对工程涉及的原材料（构配件）成品、半成品等物资的检验项目、取样数量、代表数量、取样部位、检测时间等，应符合相关专业验收规范的规定。

技术交底：应在分项工程施工前对所有操作工人进行技术交底，内容应包括：分项工程概况、施工准备、施工工艺、技术措施、质量标准、施工注意事项、成品保护等内容，交底完成后，由交底人和接受人逐一签字确认。

设计变更：必须由设计单位出具，由各责任方提出的变更，必须经设计单位签字盖章。

（3）施工物资出厂质量证明及进场检测文件

施工单位应建立各类物资的进场验收及检测台账，按材料分类进行登记和管理。

原材料（构配件）成品、半成品等物资在进场时，必须由相关单位及人员进行进场验收，并由供货单位提供相应的出厂质量证明文件，填报材料、构配件进场验收记录及设备开箱检验记录。质量证明文件划分如下：

产品质量合格证、型式检验报告、性能检测报告、生产许可证、商检证明、中国强制认证（CCC）证书、计量设备检定证书等均属质量证明文件。

涉及消防、电力、卫生、节能、环保等有关物资，须经行政管理部门认可，物资进场时应提供相应的认可文件。

检测文件用表执行各地区配套表格。配套表格中未涉及的，由检验单位根据相关规范要求自定表格，其形式不做统一要求。进场复验报告由项目技术负责人进行审核。

预拌混凝土、预拌（干混）砂浆资料：应包含原材料的出厂质量证明文件、进场复验报告、配合比、抗压强度报告、抗渗（冻）性能试验报告和放射性检测报告。供应单位出具的复验报告及氯离子、碱总含量计算书，应与其授权检验范围相符，严禁超范围检验。商品混凝土应提供氯离子、碱含量计算书。

各类物资的出厂质量证明文件、复验报告汇总表，除特殊要求外均使用施工技术资料整编相关配套表格。

钢筋焊接（机械连接）接头工艺性能试验记录，由施工单位按照选定的各项焊接（连接）参数，制作相应的试件，经力学性能检验合格后，方可进行正式施工。

（4）施工记录文件

规范强制性条文检查记录按照相关规范要求及表格填写记录。

隐蔽工程验收记录：凡下道工序对上道工序覆盖后不便或无法检查的，均应进行隐蔽验收，并做好记录。

沉降观测：沉降观测由建设单位委托有资质的单位完成，观测单位应提供中间、最终观测成果及沉降观测曲线图。承建主体结构的施工单位在施工期间对建筑工程沉降进行观测。

模板拆除：梁板必须留置混凝土同条件养护试块，作为模板拆除的依据。模板拆除施工记录后附混凝土同条件强度报告。

4 质量验收记录

各检验批、分项、分部及单位工程验收时，质量验收记录应填写规范、整齐，各方签字、盖章齐全，真实有效。

第 **6** 章

办公生活
设施整洁

6.1 基本要求

6.1.1 建筑施工企业应建立健全文明施工管理体系，明确办公生活设施保洁维护责任人，完善相关管理制度。

1 施工现场办公区应设置在现场大门内临近区域，应功能完善、适用简洁、管理有序。办公设施力求简洁，尽量减少硬化面积，增加绿化面积，美化施工环境，营造良好的生活环境。职工生活区应集中统筹管理，设施完善，温馨如家。生活区设置应符合消防安全规定。

2 办公生活设施整洁的责任人，主要负责办公生活环境、食堂、宿舍、卫生间、浴室等区域的环境卫生监督工作，负责编制办公环境管理制度、食堂管理制度、宿舍管理制度等的办公生活设施及环境卫生相关管理制度，并做好办公用品配备登记，办公生活设施施工验收记录表，监控记录，食堂熟菜留样记录表，杀虫气雾剂喷洒记录表，职工宿舍检查评分表，常用药品发放及职工就医登记表，办公、生活区卫生检查记录等，完成所有关于办公生活设施环境卫生方面的相关检查记录及措施实施工作。

6.1.2 根据《建筑施工安全检查标准》JGJ 59—2011、《建设工程施工现场环境与卫生标准》JGJ 146—2013、《陕西省文明工地验评标准》等要求，制定各项管理制度、方案及措施（表6-1）。

办公生活设施及环境卫生相关管理制度、方案、措施[①]   表6-1

序号	管理制度名称	编号	序号	管理制度名称	编号
1	办公环境各项管理制度	附件6-1	10	生活环境各项管理制度	附件6-10
2	监控室管理制度	附件6-2	11	环境保护管理制度及措施	附件6-11
3	食堂管理制度	附件6-3	12	办公生活区消防保卫制度	附件6-12
4	宿舍各项管理制度	附件6-4	13	办公生活区消防保卫措施	附件6-13
5	厕所卫生管理制度	附件6-5	14	垃圾回收管理制度	附件6-14
6	浴室管理制度	附件6-6	15	垃圾回收管理措施	附件6-15
7	卫生与急救各项管理制度	附件6-7	16	施工人员消暑降温制度	附件6-16
8	卫生急救预案	附件6-8	17	盥洗设施管理制度	附件6-17
9	就医协议	附件6-9			

注：①附件6-1～附件6-17可点击本书配套资源获取，具体网址可参考本书文前第2页。

6.1.3 采集和保存过程管理资料、见证资料和检查记录等文明施工资料。

1 根据文明工地验评相关要求，制定各类施工过程数据收集资料，共计33项。

2 过程收集资料填写方法详见表6-2。

序号	名称		编号
1	办公设施标准化	办公生活区环境保护检查记录表	附表 6-1
2		办公用品配备登记表	附表 6-2
3		办公生活设施施工验收记录表	附表 6-3
4		临时设施台账	附表 6-4
5		临时设施（用房）使用记录	附表 6-5
6		活动房合格证、检验报告、生产厂家相关资料粘贴单	附表 6-6
7		监控记录表	附表 6-7
8	食堂管理	餐饮服务许可证、炊事人员健康证复印件、炊事机具合格证粘贴单	附表 6-8
9		食堂熟菜留样记录表	附表 6-9
10		杀虫气雾剂喷洒记录表	附表 6-10
11		除"四害"计划表	附表 6-11
12		除"四害"检查记录表	附表 6-12
13		鼠饵投放平面示意图	附表 6-13
14		鼠饵投放记录表	附表 6-14
15		鼠饵等购买发票、三证粘贴单	附表 6-15
16	宿舍管理	职工宿舍检查评分表	附表 6-16
17		住宿人员登记表	附表 6-17
18		宿舍卫生值日表	附表 6-18
19		宿舍内部环境、住宿人员名单、卫生值日张贴在醒目处附相关图像、照片资料粘贴单	附表 6-19
20		卫生间清洁检查记录表	附表 6-20
21	浴室管理	浴室卫生检查记录表	附表 6-21
22		浴室设施检查维修记录表	附表 6-22
23	卫生防疫	工地急救小组管理组织网络图	附表 6-23
24		常用药品发放及职工就医登记表	附表 6-24
25		医务人员上岗证粘贴单	附表 6-25
26	环境卫生	生活卫生设施及包干区平面示意图	附表 6-26
27		办公、生活区卫生检查记录	附表 6-27
28		办公生活区道路保洁检查记录表	附表 6-28
29		办公及生活区垃圾记录表	附表 6-29
30		生活垃圾清运记录表	附表 6-30
31		建筑垃圾清运记录表	附表 6-31
32		办公、生活区有除"四害"措施记录	附表 6-32
33		洗衣间内部环境、晾晒区、可回收与不可回收垃圾箱、盥洗设施附相关图像、照片资料粘贴单	附表 6-33

注：①附表 6-1～附表 6-33 可点击本书配套资源获取，具体网址可参考本书文前第 2 页。

6.1.4 文明施工实施过程中有表6-3所列否决项目之一，不得参评文明工地项目。

文明工地验评否决项目 表 6-3

序号	否决项目
1	办公区、生活区与施工区无明显隔离，无监控设备，活动房超过二层的不得分
2	炊事人员无健康证上岗、发生食物中毒事件的不得分
3	宿舍未做到单人单铺，在建工程兼作住宿不得分
4	厕所建筑有安全隐患不得分

6.2 实施要点

6.2.1 办公设施标准化

工程开工前，项目经理部应及时组织编制《项目临建施工方案》，将办公区、生活区与施工区明显划分隔离，其中临时建筑应选址合理，建筑物符合标准要求，并符合节能、环保、安全、消防要求和国家有关规定。

1 办公区、生活区与施工区分区设置（图6-1、图6-2），采取隔离措施，设置导向、警示、定位、宣传等标识。临时建筑物主要搭设用材料防火等级达到A级，活动房不得超过二层。办公设施采光、通风应符合要求。应提供现场平面布置图。

图 6-1　办公区布局

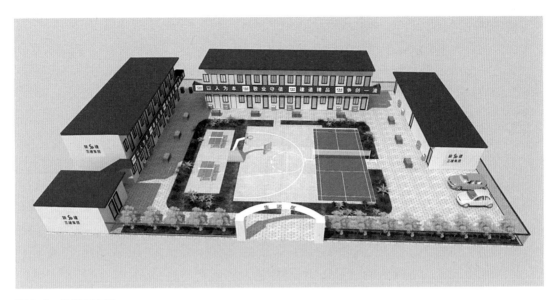

图 6-2　生活区布局

2 建立办公环境各项管理制度；办公室内设置空调，办公环境保持整洁、卫生并有卫生检查记录；设置密闭式垃圾容器；办公设备齐全、无破损，且建立办公用品配备登记表。

3 临时建筑物应符合《施工现场临时建筑物技术规范》JGJ/T 188—2009要求，符合节材、环保、安全要求，具有活动房生产资质、活动房出厂合格证、检验报告等相关资料。临时建筑物在使用前，必须通过办公生活设施施工验收，并做好记录。

图 6-3　监控室（与门卫室兼用）

4 1万m²以上工程必须设置监控室（图6-3），监控设备不少于4个视频器，并应有监控记录。

5 施工现场办公采用信息化管理，生活和办公区设置应急疏散、逃生指示标识和应急照明。

6.2.2　食堂管理

1 食堂管理制度健全：

（1）炊事人员有健康证上岗、没有发生食物中毒事件；

（2）食堂有管理制度，有防食物中毒预防措施；

（3）食堂各项管理制度；

（4）食堂人员工作职责；

（5）食堂防中毒预防措施。

2 食堂有餐饮服务许可证、炊事人员持健康证上岗：

（1）食堂炊事员健康证粘贴单；

（2）悬挂公示餐饮服务许可证和健康证，制作间与储藏间分开设置，并安装防鼠挡板；（附现场照片及照片说明）

（3）食堂餐饮服务许可证粘贴单。

3 食堂建筑符合要求：

食堂建筑符合要求，食堂与卫生间、垃圾站、有毒有害等污染源25m以上，并应设置在粉尘、有害气体、放射性物质和其他扩散性污染源的影响范围之外。燃气罐应单设存放间并加装燃气报警装置，供气单位资质齐全。宜采用甲醇等清洁燃料。（附现场照片及照片说明）

4 食堂卫生达到标准：

食堂餐厅环境卫生干净、操作间整洁、锅台处应砌瓷片、贮存间应有菜架（图6-4），地面应做防滑处理。（应附现场照片及照片说明）

5 有冷藏消毒设备、生熟食品分案作业，夏季有保鲜措施：

（1）应做好食物留样，并填写食堂熟菜留样记录表；

（2）设有消毒柜并开启使用、夏季有冰柜保鲜措施、操作人员卫生干净、着工作服，生熟食品应分案。（应附现场照片及照片说明）

6 有除"四害"措施。（应附现场照片及照片说明）

7 污水排放符合要求：

操作间设置排水沟并及时清理、食堂污水排放设置隔油池（图6-5）并及时清理、食堂外应设置封闭式泔水桶。（应附现场照片及照片说明）

8 炊事机具安全，消防设施到位有效：炊事机具合格证粘贴单。（应附现场照片及照片说明）

9 食堂配备排风设施和储藏室：

食堂应配备通风天窗等排风设施及油烟净化装置，有防鼠挡板、灭蝇灯、纱门窗。（应附现场照片及照片说明）

10 炊具、餐具、饮水器清洗消毒：

（1）炊事机具有安全防护、操作间用电达标、有消防设施。（应附现场照片及照片说明）

图6-4　食堂餐厅

图6-5　食堂成品隔油池

（2）建立食品、原料采购台账，米、面存放有防潮隔离措施。（应附现场照片及照片说明）

6.2.3 宿舍管理

1 宿舍建筑符合标准：

（1）宿舍建筑达标，做到单人单铺，床铺不超过两层（图6-6），在建工程不得兼作住宿，不得存放危险化学品等。（应附现场照片及照片说明）

（2）冬季有取暖措施，夏季有降温措施。（应附现场照片及照片说明）

（3）宿舍楼层面积大于200m^2，不少于2部疏散楼梯，并设置消防器材，每间住宿人数不得超过16人。（应附现场照片及照片说明）

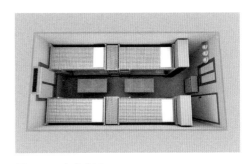

图6-6 宿舍内景

2 宿舍与施工区有明显隔离：

生活区与施工区有明显隔离，设置密闭式垃圾容器。（应附现场照片及照片说明）

3 宿舍内通风、采光、卫生、安全符合规定：

（1）宿舍内通风、采光、卫生符合标准，应使用节能灯具。（应附现场照片及照片说明）

（2）宿舍内悬挂治安、防火、卫生管理制度和措施，应在醒目处公示宿舍卫生值日、住宿人员名单。（应附现场照片及照片说明）

4 宿舍有管理制度，住宿人员名单、卫生值日张贴在醒目处。（应附现场照片及照片说明）

5 宿舍住人符合标准要求。

6 宿舍内配备个人物品存放柜：

宿舍内应有个人物品存放柜、鞋架、脸盆架、宿舍应设开启式窗户、设施配套、合理管理。（应附现场照片及照片说明）

7 宿舍用电规范：电线架设合理，无安全隐患，宿舍内不得存放煤气瓶等危险品。（应附现场照片及照片说明）

6.2.4 卫生间管理

1 卫生间选址合理，建筑符合标准：

（1）卫生间建筑无安全隐患（图6-7）。

（2）办公区、施工区设有卫生间。（应附现场照片及照片说明）

2 卫生达标。

3 八层以上建筑每隔四层设简易卫生间：

8层以上建筑每隔4层设一处简易卫生间（图6-8），并设标识。（应附现场照片及照片说明）

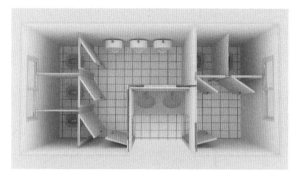

图6-7　卫生间示意图

图6-8　楼层内临时卫生间

4 卫生间应为水冲式或移动式，内有照明，蹲坑设隔离：

（1）做到水冲、贴瓷砖、卫生达标、设洗手盆、梳理镜。（应附现场照片及照片说明）

（2）卫生间有节能照明、设置隔板、采用节水器材。（应附现场照片及照片说明）

5 有卫生管理制度，有专人负责清扫、消毒：

（1）卫生管理制度悬挂公示、清扫责任人有执行制度，管理制度执行严格、应及时清掏。（应附现场照片及照片说明）

（2）设置纱窗、门帘、灭蝇灯。（应附现场照片及照片说明）

6 排污符合要求。（应附现场照片及照片说明）

6.2.5　浴室管理

1 浴室建筑安全：浴室建筑符合标准，宜使用平板式太阳能淋浴器。

2 浴室应有管理制度，浴室设施齐全，使用功能良好，符合安全、卫生要求：

浴室设施使用功能齐全、达到国家卫生规程和安全要求，浴室应有管理制度、能够正常开放，洗浴位置达到5个/100人，有更衣柜或挂衣架（图6-9）。（应附现场照片及照片说明）

6.2.6　卫生防疫

1 有卫生、急救预案并有演练：

（1）安排急救人员并经训练。（应附现场照片及照片说明）

（2）开展职业健康知识宣传教育。（应附现场照片及照片说明）

（3）建立防暑降温工作制度。

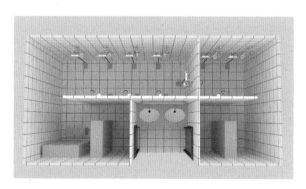

图6-9　浴室

（4）高危作业人员定期体检。

2 配备常用药及绷带、止血带、担架等急救器材。

（1）配备常用药品、急救器材、药品未过期。（应附现场照片及照片说明）

（2）工地有急救预案或急救器材。（应附现场照片及照片说明）

（3）有医务室（图6-10）及保健急救箱和常用药。（应附现场照片及照片说明）

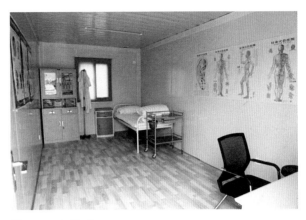

图6-10 医务室

6.2.7 环境卫生

1 生活环境整洁卫生：

（1）生活区环境卫生达标，设洗衣间、洗衣机，设晾晒区和晾衣架。（应附现场照片及照片说明）

（2）生活区合理硬化和绿化、设排水沟。（应附现场照片及照片说明）

2 垃圾定点分类堆放、及时清运：

设有生活垃圾桶、可回收与不可回收垃圾应分开、堆放地点合理，清运及时（图6-11）。（应附现场照片及照片说明）

3 盥洗设施应满足要求：设置盥洗池（图6-12），下水管口设置过滤网，使用节水型水龙头。（应附现场照片及照片说明）

4 除"四害"措施到位：

办公、生活区有除"四害"措施，定期投放和喷洒药物（图6-13）。（应附现场照片及照片说明）

图6-11 垃圾分类

图6-12 盥洗间

6.2.8 项目接待室

施工现场接待室布置应简洁大方，不得铺设地毯、软包装饰（图6-14）。

图6-13 鼠药盒

6.2.9 项目科技馆

项目科技馆展示项目信息化应用，通过BIM技术建模实现三维渲染展示、3D打印模型、精确算量、优化设计、虚拟施工、碰撞检查等综合功能，解决施工难题，优化施工方案（图6-15、图6-16）。

6.2.10 项目劳动者服务站

发挥工会组织"职工之家"的作用，在施工现场设立劳动者服务站（图6-17），内设

（a）   （b）

图6-14 项目接待室

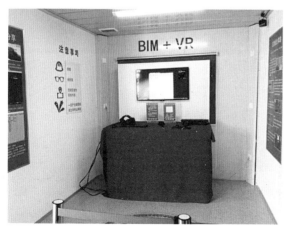

图6-15 BIM+VR展示

图6-16 3D打印模型

职工休息室、吸烟室和现场卫生间，配备有空调、饮水机、自动售货机、报刊书籍、电子图书馆和手机充电等设施，为现场施工人员提供温馨舒适的工作环境。

图 6-17 劳动者服务站

6.2.11 职工活动中心

在办公区或生活区宜设置工会服务站，内设创新工作室、党建活动室、权益维护中心、心理咨询辅导室、阅览室、医务室及文体活动室，从技术攻关创新到权益维护咨询、心理疏导减压和技能培训学习等方面，更好地服务项目一线施工人员。

1 创新工作室（图6-18）：以项目管理模式为载体，设置创新工作组，在统筹整体计划、协调各要素实施、工程质量把控等方面发挥关键作用。

（a）　　　　　　　　　　　　　　　（b）

图 6-18 创新工作室

2 党建活动室（图6-19）：党员之间相互学习，相互监督，深入开展各项党建活动，树立党员模范带头作用。

3 权益维护中心（图6-20）：通过座谈会、站长接待日等形式，倾听职工声音，反映职工诉求，维护职工合法权益。开展农民工法律咨询、维权服务活动，监督农民工工资发放，消除农民工后顾之忧。

4 心理咨询辅导室（图6-21）：缓解

图 6-19 党建活动室

职工压力，疏导职工情绪。通过个别谈心、青年员工座谈、专家讲座、心理辅导等方式，倾听职工心声，了解思想状况，及时有效地引导职工进行情绪管理，缓解心理压力，培养健康向上的心态，传递正能量。

    5　职工阅览室（图6-22）：涵盖政治、经济、科普、文艺方面的书籍和报纸，定期更换，工人可随时阅读、借阅。

    6　文体活动室（图6-23）：开展文化体育活动，丰富职工业余文化生活，组织体育健身、棋艺比赛等形式多样的文娱体育活动。

（a）　　　　　　　　　　　　　　　（b）

图 6-20　权益维护中心

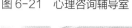

（a）　　　　　　　　　　　　　　　（b）

图 6-21　心理咨询辅导室

（a）　　　　　　　　　　　　　　　（b）

图 6-22　职工阅览室

（a）

（b）

图 6-23　文体活动室

6.2.12　海绵工地

　　项目经理部在对施工现场进行前期策划时，应优先考虑创建"海绵工地"。创建实施时应尽量减少硬化路面，可优先利用生态滞留草沟、渗水砖、透水混凝土、雨水花园、下沉式绿地等绿色施工措施组织排水，避免内涝，并有效收集利用雨水。

图 6-24　海绵工地示意图

　　1　根据现场情况，创建"海绵工地"（图6-24）。海绵工地是指施工项目对雨水进行吸水、蓄水、渗水、净水等收集处理，需要时将蓄存的水释放并加以利用，从而起到保护自然水循环的作用。海绵工地建设应遵循生态优先等原则，将自然途径与人工措施相结合，在确保项目排水防涝安全的前提下，最大限度地实现雨水在局部区域的积存、渗透和净化，促进雨水资源的利用和生态环境保护。

　　2　办公、生活、施工区通过暗沟、明沟、植被草沟、下凹绿地（图6-25）、透水地坪、土体内暗埋收水花管、土工布等途径收集雨水，再流经级配砂石滞留过滤层，最后汇集于蓄水池，用于降尘喷淋系统洒水降尘、浇灌植被等重复循环利用（图6-26、图6-27）。

（a）

（b）

（c）

图 6-25　下凹式绿地

（a）　　　　　　　　　　（b）

图 6-26　生态滞留草沟　　　图 6-27　雨水花园

6.2.13　智慧工地

1　智慧工地是基于物联网、云计算、移动通信等技术，综合运用无线射频识别（RFID）、红外探测、无线传感网、虚拟现实和增强现实（VR/AR）等信息技术手段，通过三维设计平台对工程项目进行精确设计和施工模拟，围绕施工过程管理，建立互联协同、智能生产、科学管理的施工项目信息化平台，并将此数据在虚拟现实环境下与物联网采集到的工程信息进行数据挖掘分析，提供过程趋势预测及专家预案，实现工程施工可视化智能管理，以提高工程管理信息化水平，从而逐步实现绿色建造。

2　应围绕建筑施工现场"人、机、料、法、环"五大因素，采用先进的高科技信息化处理技术，建设可为项目管理提供系统解决问题的智慧工地协同管理平台。智慧工地协同管理平台可分为劳务管理、质量管理、智能监控、进度管理和施工虚拟等模块。通过构件施工现场智慧工地信息化管理体系，实现人员管理、安全管理、质量管理、大型设备管理、用水用电管理、噪声扬尘监控、材料管理的智能化和集约化管理应用。

3　智慧工地的核心是一种"更智慧"的方法来改进项目管理人员相互交互的方式，以便提高互交的明确性、效率、灵活性和响应速度。现阶段项目部应将监控、考勤、雾霾监测、噪声检测、试验数据、水电监测、材料信息、工程信息等数据全部实时上传，实行信息统一管理、互联互通，实现建筑工地智能化（图6-28、图6-29）。

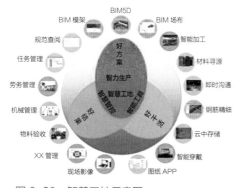

图 6-28　智慧工地示意图

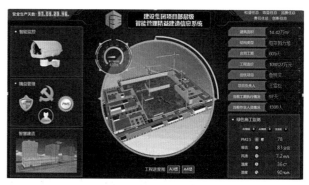

图 6-29　智能管理精益建造信息系统

第 **7** 章

营造良好
文明氛围

7.1 基本要求

7.1.1 建筑施工企业应建立健全项目文明施工管理体系，明确营造良好文明氛围责任，完善相关管理制度。

1 项目经理部应积极开展职工文明教育和文明竞赛活动，规范文明行为，对重大治安、扰民事件、实名制管理进行综合治理，定期开展职工文体娱乐活动，宣传企业文化，营造健康有益的文化宣传氛围。

2 营造良好文明氛围的责任人，主要负责开展文明职工活动、进行职工文明教育。签订社会治安综合治理协议书、消防协议、环境保护协议书、创文明工地协议书。做好企业文化宣传及项目文化建设工作，定期开展班组文明竞赛活动并总结评比表彰。

7.1.2 根据《建筑施工安全检查标准》JGJ 59—2011、《建设工程施工现场环境与卫生标准》JGJ 146—2013、《陕西省文明工地验评标准》等要求，制定各项管理制度、方案及措施（表7-1）。

营造良好文明氛围相关管理制度、方案、措施一览表[①]　　　　　表 7-1

序号	管理制度名称	编号	序号	管理制度名称	编号
1	文明教育各项条约	附件 7-1	7	创文明工地协议书	附件 7-7
2	文明教育提纲	附件 7-2	8	宣传娱乐各项管理制度	附件 7-8
3	文明班组竞赛活动检查评分标准	附件 7-3	9	文明班组竞赛活动制度	附件 7-9
4	社会治安综合治理协议	附件 7-4	10	创文明班组责任书	附件 7-10
5	防火协议	附件 7-5	11	工地综合治安管理奖罚制度	附件 7-11
6	环保协议	附件 7-6	12		

注：①附件 7-1 ~ 附件 7-11 可点击本书配套资源获取，具体网址可参考本书文前第 2 页。

7.1.3 采集和保存过程管理资料、见证资料和检查记录等文明施工资料。

1 根据文明工地验评相关要求，制定各类施工过程数据收集资料，共计13项；

2 过程收集资料填写方法详见表7-2。

营造良好文明氛围实施过程资料收集表[①]　　　　　表 7-2

序号	名称		编号
1	文明教育	文明职工教育计划表	附表 7-1
2		文明职工教育活动记录	附表 7-2
3		文明教育人员签到表	附表 7-3
4		文明教育内容图像照片粘贴单	附表 7-4

序号		名称	编号
5	综合 治理	综合治理罚款单粘贴单	附表 7-5
6		综合治理管理月报表	附表 7-6
7		综合治理事故记录	附表 7-7
8		入场人员登记表	附表 7-8
9	宣传 娱乐	黑板报宣传内容审批表	附表 7-9
10		宣传娱乐活动计划	附表 7-10
11		宣传娱乐活动记录	附表 7-11
12	项目 文化 建设	班组文明竞赛计划	附表 7-12
13		班组竞赛活动评分表	附表 7-13

注：①附表 7-1 ～附表 7-13 可点击本书配套资源获取，具体网址可参考本书文前第 2 页。

7.1.4 文明施工实施过程中有表7-3所列否决项目，不得参评文明工地项目。

文明工地验评否决项目　　　　　　　　　　　表 7-3

序号	否决项目
1	发生治安、扰民事件，影响较大的不得分

7.2 实施要点

7.2.1 文明教育

1 开展文明职工活动：有文明职工公约（图7-1、图7-2）。

2 进行职工文明教育：对职工进行安全文明教育或教育培训内容，包括环境与卫生

图 7-1　文明施工教育活动　　　　　　　　图 7-2　文明职工公约

方面，采用新工艺、新技术、新设备、新材料须进行安全教育。（应附现场照片及照片说明）

3 规范文明行为。

（1）现场不得出现随地大小便现象；

（2）现场不得有人赤身、穿拖鞋等不文明行为。

4 与分包单位签订文明施工协议（图7-3）。

5 有扬尘、噪声、光污染等防治措施，并落实、开展专项检查。

7.2.2 综合治理

1 对入场人员建立劳务登记卡，做到人数清、情况明：

（1）工地综合治理奖惩管理制度（图7-4）；

（2）综合治理罚款单粘贴单；

（3）综合治理管理月报表（图7-5）；

（4）职工花名册；

（5）建立入场人员登记卡；

（6）对现场人员数字清楚；

（7）不得使用来历不明人员。

2 同有关单位签订了治安、防火、环保等联防措施和协议并认真遵守（图7-6）：

（1）社会治安综合治理协议书；

（2）消防协议；

（3）环保协议书；

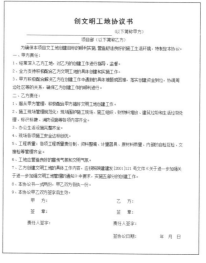

图 7-3　文明施工协议

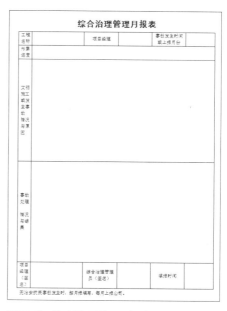

图 7-4　工地综合治理奖惩管理制度　　　图 7-5　综合治理管理月报表

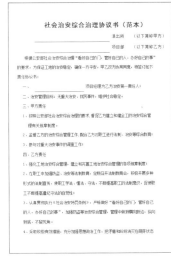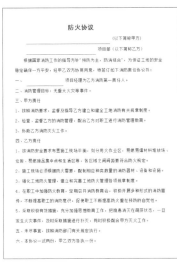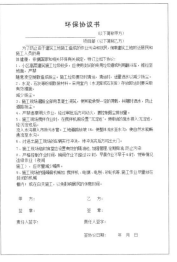

图 7-6 治安、防火、环境保护协议

（4）创建文明工地协议书。

3 无重大治安、扰民事件。

4 进入生产区人员必须经门禁识别，供货等外来业务人员必须登记。

7.2.3 宣传娱乐

1 在工地、生活区营造健康有益的宣传氛围：

（1）设置黑板报、宣传栏（图7-7）；（应附现场照片及照片说明）

（2）黑板报宣传内容审批表。

2 有娱乐活动室，经常开展活动（图7-8）：

（1）宣传娱乐各项管理制度；

（2）宣传娱乐活动计划；

（3）宣传娱乐活动记录；

（4）开展文体娱乐活动；（应附现场照片及照片说明）

图 7-7 项目文化宣传栏

（5）设置职工夜校或文体活动室，配备文体活动器材和用品，室内有电视、报纸、书籍资料等功能齐全。（应附现场照片及照片说明）

3 开展文明活动：

开展安全、质量、节能、环保、扬尘治理宣传，开展活动并做好记录。（应附现场照片及照片说明）

7.2.4 项目文化建设。

1 开展班组间安全、环保知识竞赛活动（图7-9）：

（1）文明班组竞赛活动制度；

（2）创文明班组责任书；

（3）有竞赛计划，开展班组间竞赛：班组文明竞赛计划；

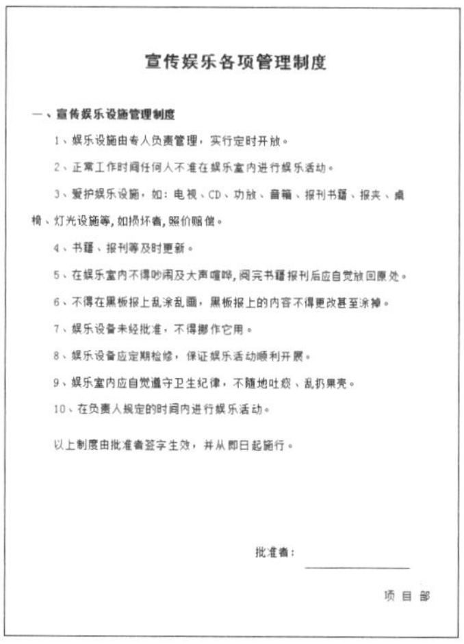

图 7-8　宣传娱乐各项管理制度、宣传娱乐活动计划、宣传娱乐活动记录

（4）班组竞赛活动评分标准；

（5）班组竞赛活动评比汇总表；

（6）班组竞赛活动评分表；

（7）定期开展安全文明施工总结评比和表彰活动及有活动资料。（应附现场照片及照片说明）

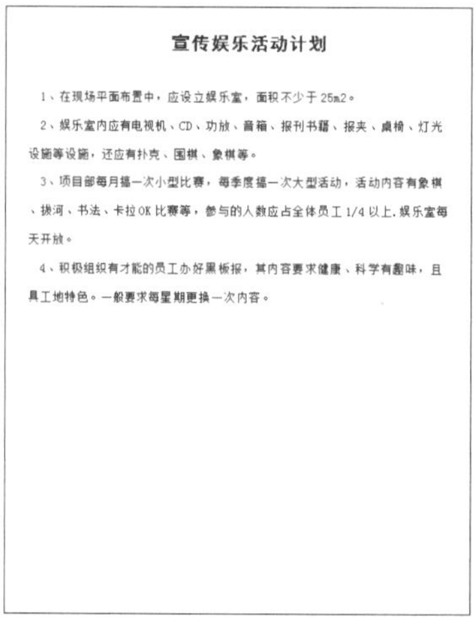

2　建立农民工业余学校（图7-10）。

（1）配备农民工培训教育设施。（应附现场照片及照片说明）

（2）开展以人为本、关爱员工，凝聚员工向心力等项目文化建设活动并活动记录齐全。（应附现场照片及照片说明）

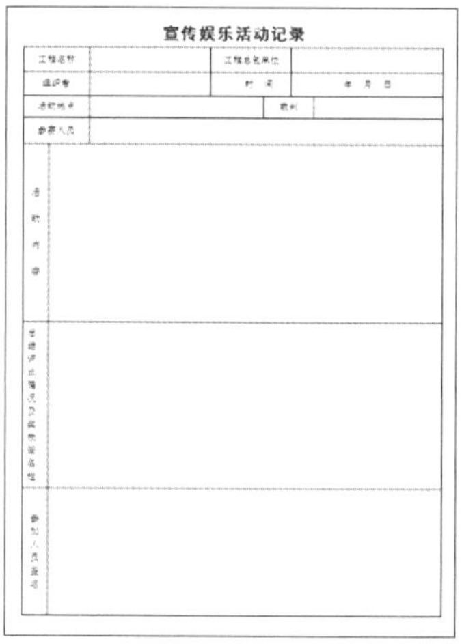

图 7-9　文明施工劳动竞赛活动

图 7-10　农民工业余学校

第 **8** 章

文明工地
验收评审

8.1 项目验评程序

8.1.1 已申请备案创建省级文明工地的工程，在完成距工程主体结构封顶约80%的工作量前，应由施工总承包企业向工程所在地设区、市建设行政主管部门提出验评申请，由工程所在地设区、市建设行政主管部门统一分批向省级建设主管部门申请验评，同时抄送省级建设工程质量安全监督总站。省级建设工程质量安全监督总站收到验评申请后，应及时组织专家对省级文明工地验评，验评应依照标准分别对施工、建设、监理单位进行。经验评合格的，由省级建设工程质量安全监督总站分批统一报省级建设主管部门，由省级建设主管部门发文命名（图8-1）。

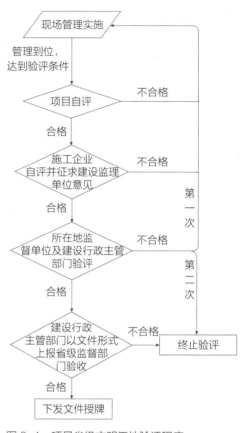

图 8-1　项目省级文明工地验评程序

8.2 验评要求

8.2.1 文明工地检查验收标准及相关用表格参见附件一～附件五。

8.2.2 各设区市申报省级文明工地的数量不得超过目标责任书确定数量的30%，否则，按申报顺序，超过部分不予验评。

8.2.3 有下列情况之一的，也不再进行省级文明工地验评：

　1 该工程主体大部分已完成内外粉刷，无法对其主体结构工程进行检查的；

　2 建筑物高度达到8层或25m仍未安装使用施工电梯的；装配式活动房为3层及以上的；

　3 脚手架已拆除或悬挑式脚手架超高的（超过4层建筑物或15m）；

　4 使用淘汰型或超年限起重机械设备的，监控设备不符合要求的；

　5 发生过安全事故或已发现有违反法律法规行为的。

　　每级验收后应及时按照验评提出问题整改意见进行整改落实，整改完成后由施工单位、监理单位、建设单位检查验收合格后，及时报送加盖公章的书面整改回复资料至验收部门，否则将无法进行下一级验收工作。

8.3　项目验评现场准备要求

8.3.1　施工单位在现场具备验评条件时，除应做好验评申报工作外，现场还应准备如下验收资料：

1　纸质版资料：

（1）创建文明工地汇报材料，一式若干份，双面打印；

（2）项目及企业宣传材料；

（3）其他验收内业资料，验收当天提前存放于专用位置（不得直接堆放于会议桌面上）；

（4）汇报材料主要内容包括：项目概况，项目目标，项目组织机构，创建成果，所取得荣誉等。

2　电子版资料：

（1）幻灯片汇报（内容与纸质版汇报材料匹配，但应精简，重点突出亮点介绍和创建成果）；

（2）视频录像汇报（非必备项，根据实际要求准备）；

（3）电子版汇报时间：采用幻灯片汇报时，应控制在15分钟左右，视频录像播放时长控制在7~8分钟；汇报的主要内容包括：项目概况；创建措施及亮点等。

附件：①

附件一：文明工地（房建工程）检查总表；

附件二：文明工地（市政工程）检查总表；

附件三：文明工地（轨道交通工程）检查总表；

附件四：文明工地建设单位验评表；

附件五：文明工地监理单位验评表。

---

① 本章附件可点击本书配套资源获取，具体网址可参考本书文前第2页。

第 **9** 章

建设工程项目施工安全生产标准化工地评价

为贯彻落实建设部《关于加快推进建筑市场信用体系建设工作的意见》（建市〔2005〕138号）和中国建筑业协会《关于印发〈建筑业企业信用评价试行办法〉》（建协〔2008〕36号）等文件精神，规范施工安全生产工作，保障建筑从业人员的生命与健康，2008年11月，中国建筑业协会印发了《建设工程项目施工工地安全文明标准化诚信评价试行办法》（建协〔2008〕38号），首次在全国范围内开展了AAA级安全文明标准化诚信评价工作。

2015年2月，经中国建筑业协会批准，中国建筑业协会安全分会修订印发了《建设工程项目施工工地安全文明标准化评价办法（试行）》（建协安〔2015〕2号），对建设工程项目施工工地安全生产标准化评价活动进行了进一步规范。

为认真贯彻落实《中共中央、国务院关于推进安全生产领域改革发展的意见》中关于"大力推进企业安全生产标准化建设，实现安全管理、操作行为、设备设施和作业环境的标准化"等要求，进一步推进建设工程项目施工工地安全生产标准化建设，促进提高建设项目施工安全管理水平，2017年3月经中国建筑业协会同意，中国建筑业协会建筑安全分会印发了《关于印发〈大力推进建设项目施工工地安全标准化建设的实施意见（试行）〉的通知》（建协安〔2017〕4号），指导全国进一步推进建设工程项目施工工地的安全标准化评价工作。

9.1 基本要求

建筑施工企业申报在全国范围进行学习交流的建设工程项目施工安全生产标准化工地时，应当从已被确定为省级（自治区、直辖市）或有关行业和国资委管理建筑业企业（集团）范围内进行学习交流的建设工程项目施工安全生产标准化工地中择优推荐。

在全国范围组织学习交流的建设工程项目施工安全生产标准化工地，应当符合下列要求：

1 建设工程项目自开工之日起至竣工之日止的全过程，始终严格贯彻执行建设工程施工安全生产法律、法规及住房城乡建设部有关建筑施工安全及施工安全生产标准化建设的各项规定，认真履行《中华人民共和国劳动合同法》中保障劳动者职业安全健康权益的相关条款。

2 建设工程项目施工中，未发生因违反安全生产法律、法规、规章或强制性标准而受到政府主管部门或其委托的建设工程安全监督机构的行政处罚。

3 建设工程项目施工中，未发生国务院规定的一般及以上施工生产安全责任事故；其申报企业在本年度和上一年度未发生过较大及以上施工生产安全责任事故。

4 按照《建筑施工安全检查标准》JGJ 59—2011进行检查，达到95分以上的。

5 按照住房城乡建设部的规定，已开展建筑施工安全生产标准化考评工作的地方，建设工程项目的评定结果为"优良"；其申报企业的评定结果为"合格"及以上。

9.2 申报条件及程序

9.2.1 申报条件

1 申报的建筑施工企业，应具有独立法人资格，取得资质证书和相应的安全生产许可证。申报全国范围进行学习交流的建设工程项目施工安全生产标准化工地，应为主体工程形象进度应达到70%以上的在建工程，并应符合下列条件之一：

（1）房屋建筑工程建筑面积在20000㎡以上；

（2）工业、交通、水利工程中的大中型项目；

（3）市政基础设施工程造价在5000万元以上。

2 在全国范围组织学习交流的建设工程项目施工安全生产标准化工地，由省（自治区、直辖市）建筑（建设）安全协会（分会）、有关行业建设协会和国资委管理的建筑业企业集团负责统一组织推荐，并应当征求有关建设工程安全监督机构的意见。该活动每年组织一次。

9.2.2 申报资料

申报在全国范围进行学习交流的建设工程项目施工安全生产标准化工地的建筑业企业，应当提供以下资料：

1 《建设工程项目施工安全生产标准化工地申请表》、《建设工程项目施工安全生产标准化工地推荐表》；

2 企业法人营业执照、资质证书和安全生产许可证的复印件；

3 该施工工地安全生产标准化建设及管理创新的情况介绍，包括主要业绩、做法、经验及其相应的证明材料，以及荣获省级建设工程项目施工安全生产标准化工地和住房城乡建设主管部门或委托建筑施工安全监督机构对相应的建筑施工项目、建筑施工企业安全生产标准化评定结果等文件复印件；

4 省（自治区、直辖市）建筑（建设）安全协会（分会）、有关行业建设协会和国资委管理建筑业企业集团的推荐意见；

5 反映该施工工地安全生产标准化建设情况的影像资料（不少于5分钟）。

本着节约、环保、效能的原则，建筑业企业应通过中国建筑业协会建筑安全分会网（www.jzaqfh.org）报送电子版申请资料。

9.2.3 申报评价程序

1 推荐在全国范围进行学习交流的建设工程项目施工安全生产标准化工地，地方管理的建筑业企业向工程所在地的建筑（建设）安全协会（分会）提出申请；有关行业和国资委管理的建筑业企业，向有关行业建设协会和国资委管理的建筑业企业集团提出申请。

2 各省（自治区、直辖市）建筑（建设）安全协会（分会）、有关行业建设协会和国资委管理的建筑业企业集团在报送推荐材料时，应当将本地区（或行业、企业）开展建设工程项目施工工地安全生产标准化建设的经验做法形成交流材料。中国建筑业协会建筑安全分会将召开全体会长会议，组织学习交流各地和企业的经验做法，研究提出可在全国范围学习交流的建设工程项目施工安全生产标准化工地初步名单，报经中国建筑业协会批准后，由中国建筑业协会建筑安全分会公布名单，并颁发相应证明。

3 各地区、各企业可根据公布的建设工程项目施工安全生产标准化工地名单，本着就近学习观摩的原则，有组织、有针对性地开展学习观摩交流活动。在组织对有关工地学习观摩交流之前，应当同当地的建筑安全协会或安监站取得联系，征得当地和该企业同意后，方可前去学习观摩交流。在学习观摩交流期间，应当尊重和听从当地及该企业的安排，不要影响企业及工地的正常施工秩序，注意观摩工地安全，应通过互相学习、互相交流、互相借鉴，推动施工现场安全达标和安全文明管理水平的共同提高。

4 对于已通过的建设工程项目施工安全生产标准化工地，如发现不符合规定条件或发生国务院规定的一般及以上施工生产安全责任事故的，经报中国建筑业协会批准，由中国建筑业协会建筑安全分会宣布撤销其名单。

附表：[①]

表9-1 建设工程项目施工安全生产标准化工地申请表。
表9-2 建设工程项目施工安全生产标准化工地推荐表。

---

① 本章附表可点击本书配套资源获取，具体网址可参考本书文前第2页。

第 **10** 章

建筑施工项目安全生产标准化考评

10.1 建筑施工项目安全生产标准化

建筑施工项目安全生产标准化是指在建筑施工活动中，贯彻执行建筑施工安全法律法规和标准规范，建立项目安全生产责任制，制定项目安全管理制度和操作规程，监控危险性较大分部分项工程，排查治理安全生产隐患，使人、机、物、环始终处于安全状态，形成过程控制、持续改进的安全管理机制。

为进一步加强建筑施工安全生产管理，落实企业安全生产主体责任，规范建筑施工安全生产标准化考评工作，根据《国务院关于进一步加强企业安全生产工作的通知》（国发〔2010〕23号）、《国务院关于坚持科学发展安全发展促进安全生产形势持续稳定好转的意见》（国发〔2011〕40号）等文件精神，在总结以往开展安全标准化工作的基础上，2014年7月住房城乡建设部印发了《建筑施工安全生产标准化考评暂行办法》（建质〔2014〕111号），对全国建筑施工企业和项目安全生产标准化考评工作及奖惩措施进行了明确。之后，全国各省市结合住房城乡建设部《建筑施工安全生产标准化考评暂行办法》的要求，相继对安全生产标准化考评工作进一步规范。2017年5月，陕西省住房和城乡建设厅印发了《陕西省建筑施工安全生产标准化考评实施细则》（陕建质发〔2017〕63号），对企业和项目安全生产标准化考评工作的具体实施分工、实施步骤进一步做了明确，并将企业和项目的安全生产标准化考评结果与企业的安全生产许可证和安全管理人员的考核合格证书延期挂起钩来，实施相应的奖惩机制，调动企业和项目开展安全标准化管理的积极性，推动建筑施工安全生产标准化建设全面开展，进一步推动建筑业高质量的健康发展。

10.2 建筑施工项目安全生产标准化自评的实施及依据

10.2.1 建筑施工企业项目经理部应建立以项目负责人为第一责任人的项目标准化自评机构，负责组织实施项目安全生产标准化自评。

工程项目实行施工总承包的，由总包、专业承包单位的项目负责人、技术负责人和专职安全员等相关人员共同组成自评机构开展项目安全生产标准化自评工作。

10.2.2 项目自评机构应当自办理监督手续当月起，每月依据《建筑施工安全检查标准》JGJ 59—2011开展安全标准化自评工作，并填写《建筑施工项目安全生产标准化月自评表》（表10-1）；在对施工各分部分项工程进行检查评分时，属于专业承包单位施工的，应注明该专业承包单位的名称。

建设单位项目负责人、监理单位项目总监理工程师对项目自评材料进行审核并签署意见。

10.2.3　工程项目因特殊情况中止施工时，总包项目经理部应向工程项目的质量安全监督机构出具经驻工地监理机构及建设单位签署的中止考评报告，报告中应说明中止原因；复工前，总包项目经理部向工程项目的质量安全监督机构出具复工报告以及对施工现场进行自查的相关资料。

10.3　建筑施工项目安全生产标准化考评的实施

10.3.1　工程项目在自评的基础上，工程项目的质量安全监督机构在实施日常安全监督时同步开展工程项目考评工作，并抽查项目阶段性自评情况，指导监督工程项目自评工作。

10.3.2　工程项目完工后办理竣工验收前，由项目经理部向工程项目的质量安全监督机构提交《陕西省建筑施工项目安全生产标准化考评申请表》（表10-2）及项目安全生产标准化自评材料。

10.3.3　项目安全生产标准化自评材料主要包括：

　　1　项目建设、监理、施工总承包、专业承包单位及其主要负责人名录及变更文件资料（表10-3）；

　　2　建筑施工项目安全生产标准化月自评表（表10-1）；

　　3　建筑施工项目安全生产标准化月自评汇总表（表10-4）；

　　4　企业对项目安全生产标准化工作季度评价汇总表（表10-5）；

　　5　工程项目发生生产安全责任事故情况；

　　6　工程项目施工期间因安全生产受到住房城乡建设主管部门奖惩情况（包括通报表扬、表彰奖励、限期整改、停工整改、通报批评、行政处罚等）（表10-6）；

　　7　工程项目质量安全监督机构要求的其他资料。

10.3.4　工程项目安全生产标准化考评的结果分为"优良""合格""不合格"。综合得分在80分（含）以上的为"优良"，70分（含）以上80分（不含）以下的为"合格"，70分（不含）以下的为"不合格"。

10.3.5　具备下列条件之一的工程项目，优先评定为优良。

　　1　获得全国建设工程项目施工安全生产标准化工地、省级文明工地或者工程所在地安全文明施工观摩工地的；

　　2　安全生产、文明施工受到省级以上有关部门表彰奖励的；

　　3　在施工安全技术和标准化研发方面获得专利或省级以上科学技术奖的。

10.3.6　工程项目具有下列情形之一的，安全生产标准化考评结果直接判定为不合格：

　　1　发生生产安全责任事故的（不再统计行政处罚次数）；

　　2　因存在安全隐患在一年内受到建设行政主管部门或工程质量安全监督机构2次及以上限期整改、停工整改、通报批评、行政处罚的；

3 月自评资料不健全、不连续或企业未对项目标准化工作进行季度检查评分的；

4 办理竣工验收前项目部未提交工程项目自评及申请材料或项目自评材料弄虚作假的。

附表：^①

表10-1~表10-6。

---

① 本章附表可点击本书配套资源获取，具体网址可参考本书文前第2页。

附录

工程案例

附录1 西安交通大学科技创新港科创基地项目

沈兰康 宫 平 张洪洲 张党国
陕西建工集团有限公司

1 项目简介

西安交通大学科技创新港科创基地单体施工项目是教育部和陕西省人民政府共同建设的国家级项目，是陕西省和西安交通大学落实"一带一路"、创新驱动及西部大开发三大国家战略的重要平台（图1）。项目定位为国家使命担当、全球科教高地、服务陕西引擎、创新驱动平台、智慧学镇示范。

项目占地1750亩，分为科研、教育、转孵化和综合服务配套等四大板块。主要包括四个巨构（教学楼）、文科楼、医学化工板块、学生宿舍、食堂等，共计48个单体，总建筑面积159万m²，工程项目总投资75.3亿元，由陕西建工集团有限公司施工总承包（图2）。

项目建设有三大特点：

（1）创建精品，项目管理要求高。

超大型群体项目全生命周期BIM技术应用，为国内首例。质量目标为中国建设工程"鲁班奖"。项目施工在科技创新、绿色建造、安全生产、文明施工、后勤服务等各方面都提出"严、高、精、细"的管理要求。

（2）工期紧迫，资源需求量巨大（图3）。

工期583天，计划2018年10月28日竣工，仅为定额工期的58%。极短时间内需完成挖填土方200万m³，混凝土96万m³，钢筋13万t，砌块21万m³，施工高峰期需要劳动力约2万人，脚手架等钢化设施料8万余吨，塔吊、施工电梯等大型机械设备216台。

图1 项目效果图

图2 现场规划图

（3）功能复杂，总包协调难度大。

项目设计标准高，建筑功能系统众多，专业碰撞、工序交叉等矛盾集中，项目单体建设同园区规划道路、总体及绿化平行交叉施工，总包施工组织繁杂，协调管理工作量巨大（图4）。

图3　工程开工准备

图4　现场航拍鸟瞰图

2　管理目标

工期目标：2017年3月25日开工，计划2018年10月28日竣工，工期583天。

质量目标：中国建设工程"鲁班奖"。

安全文明管理目标：陕西省文明工地示范观摩项目；

　　　　　　　　　全国建设工程项目施工安全生产标准化工地。

绿色施工目标：全国建筑业绿色施工示范工程。

科技创新目标：全国建筑业创新技术应用示范工程。

BIM管理目标：中国工程建设BIM大赛卓越工程项目奖。

3　科技创新

3.1　全生命周期BIM应用

作为一个超大型群体工程实现项目全生命周期BIM应用，为国内首例。项目组建了30余人的BIM中心，编制形成BIM实施方案，配置了相应的软硬件设备，明确BIM建模标准，建立BIM标准族库，并在实施过程中不断比对完善。

项目已实现了设计—施工模型传递，进行了深化设计、碰撞检查、虚拟施工、工程量计算，并采集现场数据，确保竣工交付运维。

实现轻量化BIM技术应用。项目600余名管理人员通过EBIM平台，可以随时查看到最新的BIM模型，实现了基于BIM模型的项目质量安全协同管理（图5）。

采用BIM+VR技术进行安全教育体验及质量交底、BIM+无人机实现对现场动态监控、BIM+3D打印进行方案展示等一系列创新技术应用工作。

3.2　装配式建筑，引领建筑产业现代化

学生宿舍A区15号楼，建筑面积8324m^2。在建设单位支持下，根据建筑结构特点，将主体部分设计为预制装配整体式框架结构，将柱、梁、板、楼梯、女儿墙等部品拆分并经标准化设计，在陕西建工建筑产业基地进行标准化预制生产，运输至现场进行吊装，实现了陕西省首例预制装配整体式框架结构示范项目（图6）。

项目现已结构封顶，充分展现了装配式结构施工高效、质量优异、安全可靠等优势，为此项技术的推广应用积累了丰富的经验。

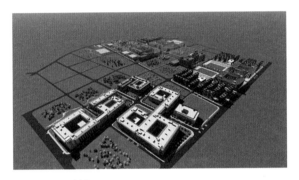

图5　BIM建模

图6　预制柱吊装

3.3　智慧工地，精细管理建造

自主开发基于BIM技术的智慧工地管理协同云平台，实现安全、质量、进度、劳务、安防、交通车辆、环境监测及协同办公信息化管理（图7）。

采用塔吊安全监控平台、施工电梯监控系统、安全交底录入实名制系统、现场设置人车分流、配备安全巡检系统。

利用BIM技术进行细部做法交底，配备质量巡检系统积累质量管理大数据，利用质量管理系统进行协同及闭环管理。

利用无人机拍摄记录施工进度、视

图7　智慧工地指挥中心

频监控全覆盖、斑马进度计划、4D 模拟进行进度优化。

建立施工现场人员一卡通管理系统，实现建筑工人实名制全覆盖。

应用钉钉软件，实现考勤打卡、通知公告、文件共享、流程管理、会议管理、日报周报等办公协同，提高办公效率。

3.4 "五小"活动，创新驱动发展

积极开展项目"五小"活动，项目出台了创新奖励措施，技术创新、管理创新蔚然成风。

构造柱铝模施工、楼梯踏步优化设计、卫生间混凝土坎台随结构一次施工、楼梯滴水线随主体一次成型、加气块木砖一体预制等一大批"五小"成果不断涌现，应用效果好，经济效益显著。

3.5 10 项新技术，提升综合效益

工程积极推广应用建筑业 10 项新技术，共 10 大项 39 小项（表 1），创新应用 8 项施工工法，计划申报 12 项专利。上述技术管理措施的应用，提高了工程质量，已取得良好的社会经济效益。

建筑业 10 项新技术应用情况一览表　　　　　　　　　　　　表 1

序号	新技术名称	子项技术名称	应用部位	应用数量
1	地基基础和地下空间工程技术	土工合成材料应用技术	地下室顶板	16927m²
		复合土钉墙支护技术	基坑	16000m²
2	混凝土技术	高耐久性混凝土	基坑、主体	20782m
		轻骨料混凝土	地下室顶板及屋面发泡混凝土	32525m
		纤维混凝土	基坑、主体	24319m
		混凝土裂缝控制技术	基坑、主体	439909m
		预制混凝土装配整体式结构施工技术	15 号楼主体	800m
3	钢筋及预应力技术	高强钢筋应用技术	基坑、主体	105690T
		大直径钢筋直螺纹连接技术	基坑、主体	888813 个
4	模板及脚手架技术	清水混凝土模板技术	基坑、主体	2891287m²
		塑料模板技术	主体	3100m²
		组拼式大模板技术	主体	284300m²
		早拆模板施工技术	基坑、主体	140707m²
		插接式钢管脚手架及支撑技术	主体	1213797m²
		盘销式钢管脚手架及支撑架技术	主体	253219m²

序号	新技术名称	子项技术名称	应用部位	应用数量
5	钢结构技术	深化设计技术	1号楼S单体、2号楼H单体、3号8段钢结构、5号楼会议中心网架屋面、19~22号楼连廊	20728m²
		大型钢结构滑移安装施工技术	5号楼会议中心网架屋面	55.69 T
		钢与混凝土组合结构技术	3号楼8段钢结构、19~22号楼连廊	12500m²
		高强度钢材应用技术	1号楼S单体、2号楼H单体、3号8段钢结构、19~22号楼连廊	1798 T
6	机电安装工程技术	管线综合布置技术	安装工程	5080431m²
		金属矩形风管薄钢板法兰连接技术	通风工程	150000m²
		变风量空调技术	安装工程	1337 台
		大管道封闭式循环冲洗技术	安装工程	4890m
		薄壁金属管道新型连接方式	安装工程	29718m
		管道工厂化预制技术	安装工程	7000m
		预分支电缆施工技术	电气工程	2619m
		电缆穿刺线夹施工技术	安装工程	4323 处
7	绿色施工技术	施工过程水回收利用技术	施工全过程	189762m
		预拌砂浆技术	砌体及抹灰	53628m
		粘贴式外墙外保温隔热系统施工技术	外墙保温	464394m²
		工业废渣及（空心）砌块应用技术	砌体工程	210000m
		铝合金窗断桥技术	门窗工程	108869m²
8	防水技术	地下室工程预铺反粘防水技术	地下室防水工程	127678m²
		遇水膨胀止水胶施工技术	地下室外墙	8800m
		聚氨酯防水涂料施工技术	建筑屋面、阳台、卫生间	76260m²
		种植屋面防水施工技术	建筑屋面	72647m²
9	抗震加固与监测技术	消能减震技术	楼梯	1300 处
		深基坑施工检测技术	地基于基础	16000m²
10	信息化应用技术	虚拟仿真施工技术	施工全过程	159 万 m²
		塔式起重机安全监控管理系统应用技术	施工全过程	92 台

4 质量创优

项目结合工程特点与难点，从消除质量通病、统一工程做法与验收标准等方面着手，编制《质量创优计划》《样板施工计划》《质量通病防治措施》等多项管理制度。

开展月度质量联测联评活动，应用质量管理APP平台等信息化手段，实现质量全过程管理环节的数据化、可视化、便捷化。

4.1 深化设计，优化使用功能

应用BIM技术进行全专业图纸深化设计，提出1500多条合理化建议，减少不必要的施工错误和返工，优化使用功能（图8~图10）。

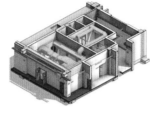

图 8　管线综合布置 BIM 预排版　　图 9　风机房 BIM 预排　　图 10　砌体 BIM 预排版

4.2 精益求精，布局创优夺杯

项目立足质量目标，组织多次外部专家研讨会，聘请30多人次业内专家，从主体施工、装饰分项、安装分项、技术资料等多方面策划，完成《质量创优方案》《资料整编方案》《现场质量管理办法》等多项管理制度，为项目创优夺杯奠定坚实基础（图11、图12）。

图 11　高大支模专家论证会　　　　图 12　中建协组织"创精品工程"专题研修班

4.3 样板引领，统一工艺做法

各施工区域布置样板展示区和实体样板9个，直观展示各工序细部做法及质量标准（图13~图15）。

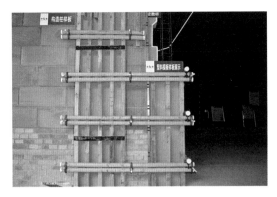

图 13　构造柱模板加固样板

图 14　砌体样板展示

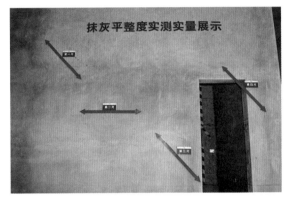

图 15　抹灰墙面平整度实测实量展示

图 16　现场检查节点钢筋

4.4　创新管理，提高质量意识

制定各项质量检查制度，坚持开展月度质量联测联评活动，实测实量，切实提高全员质量意识（图16、图17）。

4.5　课题攻关，创新节点做法

积极开展"小、实、活、新"的QC小组活动，自主研发多项实用工具，如砌块切割专用夹具、砌体灰缝控制工具、卫生间导墙定型化专用模具、梁柱节点专用浇筑溜槽等（图18～图20）。

图 17　质量竞赛表彰

图 18　砌块切割专用夹具

图19　卫生间导墙定型化专用模具　　　　图20　砌体灰缝控制工具

5　安全管理

5.1　创新安全教育，提升安全意识

全面实施实名制管理，将门禁系统与入场安全教育相关联，采用安全VR虚拟体验和安全教育馆、安全视频教育、安全知识竞赛、安全文化节目演出等方式，提升安全意识。组织现场300余名特种作业人员进行专场安全培训，实现人员持证上岗（图21～图23）。

5.2　实施标准化管理，提升防护水平

（1）全面应用标准化、定型化、工具化的安全防护设施和隔离围挡，统一制作和涂色标准，做到防护可靠、规范统一（图24）。

（2）悬挑脚手架立面防护全部采用钢网框防护代替密目式安全立网，采用压型钢脚手板代替竹脚手板，提高防护本质可靠性和防火性能（图25）。

图21　安全知识竞赛　　　　　　　　　图22　BIM+VR 科技体验馆

（3）高大支模全部采用插接自锁式钢管支架，提高支架安全可靠性（图26）。

图 23　特种作业人员安全培训

图 24　悬挑式脚手架钢板防护网

图 25　工具式安全通道

图 26　高支模架体

5.3　智慧平台协同，提升管控效果

（1）群塔作业应用智慧平台管理+人脸识别系统，利用大数据分析和月度"红旗塔吊"评比，规范塔吊司机行为（图27）；

（2）借助移动信息化平台和无人机定时巡航，实现对现场动态管控（图28）；

图 27　塔吊评比活动

图 28　无人机定期巡航

（3）运用车辆自动识别系统，实施场内交通管控和人车分流，保证场内交通顺畅和通行安全（图29）。

图29　车辆自动识别系统

6　绿色建造

6.1　永临结合，合理部署设施

按照因地制宜、合理适用、永临结合的理念（图30），项目以永久道路垫层作为临时路形成"三纵三横"交通路网，采用箱式活动房搭设办公、生活区（图31），缓解群体项目场平布置产生的环境污染与浪费。

图30　道路规划永临结合

图31　箱式活动房搭建办公区

6.2　海绵工地，维护生态功能

结合场地临近河道、砂土地层的特点与海绵城市理念，依地势布置综合滞蓄槽、溢流口和植草沟，形成六处下凹式绿地，并采用透水砖、透水混凝土等材料硬化现场道路，以慢排缓释的方式做到雨水的自然积存、自然渗透、自然净化的功能，从而实现海绵工地（图32、图33）。

图32　下凹式绿地

图33　人工湖

6.3　治污减霾，共守一片蓝天

项目注重环境保护，积极落实治污减霾各项措施。降低垃圾排放量，建立楼层垃圾回收系统，并设立集中的构件加工车间，将混凝土垃圾破碎，用以制作烟道挡台、三角块、电井桥架挡台等PC构件。在规划预留绿地、绿楔处提前穿插后期绿化，购买50余吨草籽种植65万m²绿地，形成绿色成片、物种丰富、人鸟共处的和谐生态花园式工地（图34、图35）。

图34　建筑周边绿化　　　　　　　　图35　现场绿化

6.4　环境监控，实现动态联动

现场设置数个环境动态监控系统，与外架、道路两侧6740m喷淋带，37处塔吊喷淋，16台定点雾炮相联动，实现全时段监测、定点防治的降尘体系（图36、图37）。

图36　塔吊喷淋　　　　　　　　　　图37　道路洒水

6.5　节约资源，降低项目成本

使用电动运输设备、定型化钢板网、定尺钢架板、预拌砂浆等新设备新材料，节能降耗。利用节水器具、智能电表、LED灯具、感应式灯具、钢板地面等措施，充分利用风能、太阳能、空气能等清洁能源，建立雨水回收利用系统、中水回收系统，实现资源优化型绿色工地（图38、图39）。

图38　节能灯带

图39　钢板路面

7　人本管理

项目认真践行"快乐工作，健康生活"的人文关怀理念，以人为本，内聚于心，外化于行。

7.1　积极开展项目党团建设

党组织建立到施工一线。经上级党委批准，成立项目党总支，下设10个党支部，106名党员。积极组织开展项目"建功立业、创先争优"主题活动（图40）。成立创新港项目联合工会委员会，下设28个项目工会。组织开展了重点工程劳动竞赛活动，成立12个青年突击队，围绕工程难点，攻关克坚。开展形式多样的职工"五小"活动，鼓励创意创新。

7.2　施工现场服务设施完善

现场设立17座劳动者服务站（图41）、5座职工休息室、14间吸烟室和45个现场卫生间，配备有空调、饮水机、自动售货机、报刊书籍、电子图书馆和手机充电等设施，为现场施工人员提供温馨舒适的工作环境。

7.3　生活服务城市社区化管理

集中规划建设5.5万m²施工生活设施，实行生活服务城市社区化管理，为施工人员提供周到细致服务。生活设施功能完善，设置有便民超市（图42）、理发室、洗衣房、浴室、探亲房，文体活动中心等运动设施。办公生活区物业化管理，卫生专人负责打扫，餐厅、宿舍干净整洁（图43）。

图40　党员"创先争优"活动

图41　劳动者服务站

图42　便民超市

图43　物业化管理

8　阶段成果

工程开工伊始，项目就制定各项具体的管理目标，高标准、严要求，进行责任划分、严格落实，注重策划先行、过程控制，赶超进度、狠抓安全、严把质量关，提前三个月完成主体封顶。本项目在"创优夺杯"及"科技创新"方面采取了一系列强有力的措施，保证整体统一，效果明显。自开工以来，受到建设单位、监理单位和各级政府主管部门的一致好评，接待社会各界数万人次参观、指导，社会影响巨大。

工程获得荣誉：

（1）2017年9月，荣获中国建筑业协会"2016～2017年度全国建筑业企业创建农民工业余学校示范项目部"；

（2）2017年10月，举办中国施工企业管理协会组织的工地信息化、工法技术创新及装配式建筑现场观摩交流会；

（3）2017年10月，举办中国建筑业协会组织的践行"一带一路"倡议承建境外工程经验交流会；

（4）2017年10月，项目人员编写的BIM论文，被《绿色建筑创新、BIM技术与装配式建筑》一书收录；

（5）2017年11月，举办陕西省文明工地暨施工扬尘防治现场观摩会；

（6）2017年12月，荣获"中国工程建设安全质量标准化示范单位"；

（7）2018年4月，荣获得陕西省文明工地。

9 结束语

项目沿着"高起点、高水平、高质量、高效益、高效率"的管理目标继续努力奋进，在施工过程中，继续强化现场管理，把创建文明工地活动贯穿到整个施工过程当中。在后续的建设过程中，将再接再厉、严格管理、精益求精，创造更加良好的安全文明施工环境。项目团队将继续奉行"高效文明，诚实守信"的管理理念，建造更多的精品工程回馈社会。

附录2 山水·馨居（羊村安置小区）项目

万 磊 刘 铭
陕西建工第三建设集团有限公司

1 工程概况

山水·馨居（羊村安置小区）位于西安市国家民用航天基地航天东路与航天南路东北角（图1），建筑面积约24.4万 m^2。由高层住宅楼区、商业区、地下车库构成，剪力墙结构。项目于2015年11月10日开工建设，计划2018年11月竣工。

主要设计等级：地下室防水等级为二级，屋面防水等级为一级，建筑物耐火等级均为一级，抗震设防烈度8级，人防抗力等级为甲类核6级常6级，建筑设计使用年限50年。

图1 山水·馨居（羊村安置小区）效果图

工程主要做法：地基采用素土挤密桩和钻孔灌注桩。基础形式为桩筏。砌体材料为承重多孔砖和加气混凝土砌块。外墙保温材料为50mm厚岩棉板。

安装工程主要有建筑给水排水及供暖、建筑电气、通风与空调、智能建筑、电梯安装等五个分部工程。

2 施工管理情况

2.1 管理目标

技术质量目标：争创陕西省优质工程"长安杯"奖；
文明施工目标：创建陕西省文明工地现场观摩会；
科技进步目标：创建陕西省建设新技术示范工程；
绿色施工目标：创建陕西省绿色施工示范工程；
安全管理目标：杜绝死亡、重伤等事故，安全达标优良率100%。

2.2 施工管理措施

（1）项目经理部以公司为依托，与管理公司结合，建立健全组织机构，明确责任并建立文明工地领导小组。

（2）工程开工前，项目经理部对全体施工人员进行文明工地创建活动的教育。

（3）编写详尽可行的《文明工地创建策划》，高起点、高标准、严要求。

（4）建立健全文明施工和安全生产管理的各项规章制度，将创建工作计划进行目标分解，并责任落实到人。

3 工程难点及特点

（1）场地高差大、作业面重叠（图2）。
（2）住宅基础高低跨多、构造复杂（图3）。

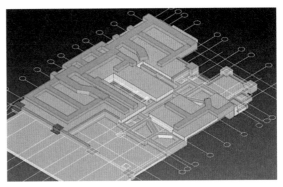

图 2　场地 BIM 模型　　　　　　　　　图 3　基础结构 BIM 模型

4　建筑业 10 项新技术应用情况

项目积极推广应用建筑业10项新技术。本工程在施工中采用建筑业10项新技术中的9大项31小项，取得了良好的经济效益和社会效益，详见《建筑业10项新技术》应用情况一览表（表略）。

5　文明工地创建亮点

5.1　安全智能化、标准化管理

项目共建立六大智能管理系统和三项措施，实现安全的高效、智能、有序管理。

（1）建筑工人实名制管理系统：为规范和加强施工现场人员动态管控，建立人员实名制管理系统，将所有进场人员身份信息，工种、安全教育、考勤、合同签约及违章情况纳入系统管理（图4）。

（2）VR安全4D体验系统：现场设置VR安全4D体验中心，模拟7种不同安全事故现场，通过模拟操作、身临其境的感受，让施工作业工人知道违章操作带来的伤害（图5）。

（3）安全巡查系统：结合危险源建立楼层安全巡查点，安全员每日巡查，动态跟踪安全隐患，极大提高安全管理效率和及时性（图6）。

（4）大型设备安全管理系统（图7）：通过采集塔吊运行过程中吊运次数、吊重、碰撞报警等数据，规范塔吊司机操作行为，保证安全施工。

（5）360°安全可视化监控系统：项目利用固定球形监控平台和无人机、手持执法仪等移动设备采集工人违章行为，实现全天候、全时段360°的无缝监控（图8、图9）。

图4 分供方不良记录数据库　　图5 安全事故场景4D体验

图6 安全巡查系统

图7 大型设备安全管理系统

图8 球型监控照片

图9 无人机外架巡查

（6）临电分区报警系统：项目应用电气火灾监控探测器和断电停电报警设备，建立现场临电分区报警系统，极大地方便了电路隐患排查和定点预警（图10）。

（7）安全教育实训中心：设立安全教育实训中心，通过多种状态体验，加强施工作业工人的安全意识（图11、图12）。

（8）定型化工具：采用定型化作业车间、临边防护、围挡隔离、安全通道（图13、图14），实现防护设施安全稳固、标准统一、美观大方的效果。

（9）应急物资中心：建立应急物资中心站，保证消防应急物品的有效管理和使用（图15）。

上述六大系统三项措施的采取，实现了安全管理标准化、流程化，取得良好的效果。

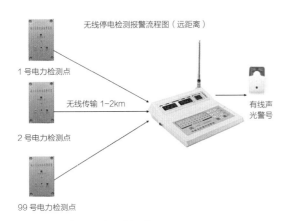

无线停电检测报警流程图（远距离）

1 号电力检测点

无线传输 1~2km

2 号电力检测点

99 号电力检测点

有线声光警号

图 10　断电、停电报警设备

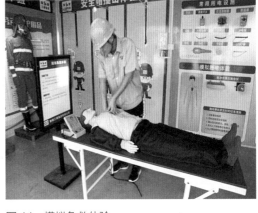

图 11　模拟急救体验

图 12　安全带使用体验

图 13　安全通道

图 14　临边防护

图 15　应急物资中心站

5.2　自主创新引领技术质量管理

　　项目从消除质量隐患，提高施工作业工人施工效率、实现质量全过程管理环节的数据化、可视化、便捷化方面进行探索，主要在以下六方面策划实施。

（1）样板引领：项目始终以创新思维、技术革新作为提质增效的抓手，设立样板展示区和实体样板。AR应用展示（图16～图19）。

图 16　拉片式铝合金模板样板

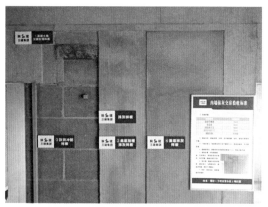

图 17　抹灰工程实体样板

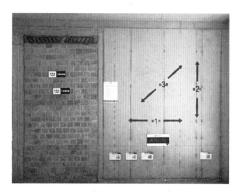

图 18　砌体工程实体样板

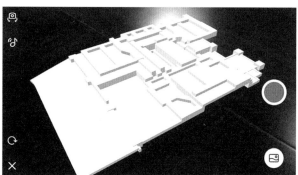

图 19　AR 应用展示

（2）"四新"技术的应用：针对结构特点和施工部署，首次使用拉片式铝合金模板及快拆体系，降低工人劳动强度，并优化企口节点，混凝土观感质量达到清水效果。使用全自动数控弯箍机，箍筋加工快捷、标准。设置PC构件加工车间，利用混凝土余料制作各种PC构件，实现构件工厂化、标准化、流程化制作。采用粉刷机器人和专用抹具，提高粉刷质量和工效。安装班组配备专用测堵仪，快速定位线管堵塞位置，提高施工效率。初步实现现场工厂化加工支管系统。在车库采用装配式管线支吊架系统，实现安装便捷、安全可靠（图20～图28）。

（3）技术创新：项目积极开展"小、实、活、新"的QC小组活动，自主研发多项实用工具。在地下车库应用组合式支架灯安装技术，安装快捷、整齐美观（图29、图30）。

（4）工法、专利技术应用：项目积极推广企业已有工法和专利。项目自主研发的剪力墙截面控制螺栓。研发采用配电箱十字内支撑模具、配电箱气体引导穿线和伸缩缝桥架补偿等多项专利技术（图31、图32）。

（5）BIM技术的应用：采用BIM技术进行质量策划、工程量提取、综合管线排布、复杂节点可视化交底等工作（图33、图34）。

（6）二维码应用：项目在材料溯源、工艺阅读、质量验收记录等信息采集工作中使用二维码，提高了工作效率和准确度。

上述管理措施的应用，提高工程质量，取得良好的经济效益。

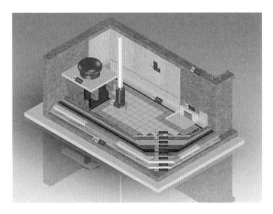

图 20　屋面构造策划

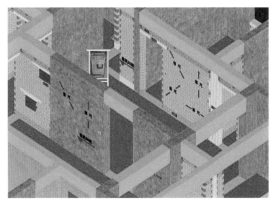

图 21　实测实量策划

图 22　铝合金模板早拆支撑系统

图 23　预制过梁随主体一次施工

图 24　PC 构件加工厂

图 25　预制飘窗

图 26　窗洞口企口

图 27　数控弯箍机

图 28　成品支架应用效果

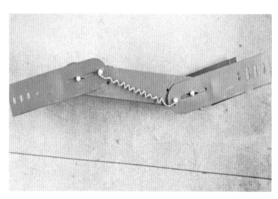

图 29　伸缩桥架补偿技术

图 30　空调洞预留专用工具

图 31　配电箱箱体固定工具

图 32　配电箱十字内支撑模具

图 33　管线综合排布

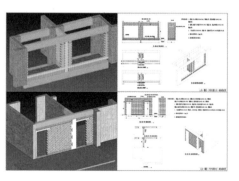

图 34　BIM 排砖策划

5.3 人文底蕴引领现场文明施工

项目坚持以人为本，努力实现资源节约型、环境友好型、人与自然和谐共处的文明施工现场。

（1）统一策划部署现场：结合地势统筹布置现场，坚持因地制宜、合理适用、永临结合的理念，按照"两流水、三阶段"原则，做到分区合理、功能完善（图35）。

（2）环境动态监控系统：现场设置环境动态监控系统，与现场三级喷雾降尘系统进行联动，并配备手持风速仪、声贝仪，实行全天动态环境监测（图36~图38）。

（3）智能化一卡通系统：智能卡集成门禁、考勤、就餐、会议签到、违章记录等功能（图39）。

（4）红外感应发声器：在生产区入口设置红外感应发声器，提醒人员佩戴安全帽、规范操作行为。

（5）智能化、自动化机具：自主创新研发自动体感洇砖机（图40），打造自动化、智能型设施。

（6）人文设施：办公、生活区布置坚持以人为本、节约实用的原则，设置娱乐室、图书阅览室充实员工的业余生活（图41、图42）。

图35 车库顶板平面布置策划

图36 环境检测仪

图37 高压喷雾机

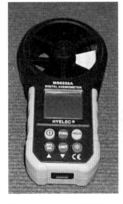
图38 手持风速仪

图39 智能一卡通

图40 自动洇砖机

图41 移动卫生间   图42 休息室

5.4 资源优化创建绿色家园

为打造绿色环保型项目，结合四节一环保、防污治霾等要求，项目共采取25小项措施。

（1）环境保护、防污治霾：项目响应政府号召，铁腕治霾，设置三级立体式智能喷淋系统。在噪声敏感区采用主动和被动相结合的降噪方式，即使用变频低噪声机械、遮音帘、降噪屏等多种措施（图43～图45）。建立建筑垃圾回收处理系统。绿化、美化环境，实现鸟语花香、植被茂密、昆虫随处可见的绿色工地（图46～图50）。

（2）节材及资源利用：为提高资源利用效率，项目改变传统施工工艺和材料，应用铝合金模板、快拆体系、定型化钢板网、定尺钢架板、闭合箍筋、预拌砂浆等新工艺新材料（图51）。切实降低项目成本，取得良好的社会经济效益。

（3）节水及水资源利用：依地势布置数个滞蓄槽、溢流口、三级沉淀池，实现水资源重复利用（图52、图53）。办公、生活区100%使用节水器具，最大限度节约水资源。

（4）节能及能源利用：现场采用智能电表、LED灯具、感应式灯具，充分利用空气能、太阳能等清洁能源，严格执行分区计量（图54）。

图43 垂直绿化墙   图44 遮音帘

（5）节地及土地资源利用：采用可折叠箱式活动房、装配式活动基础地面、钢板地面，合理布置加工棚，充分利用有限的土地资源（图55）。

图45 降噪屏

图46 办公区绿化

图47 施工场地绿化

图48 喷雾洒水车

图49 塔吊喷淋系统

图50 道路喷淋系统

图 51　预拌砂浆降尘防护棚

图 52　感应式小便斗

图 53　雨水收集滞蓄槽

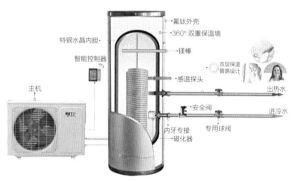

图 54　空气能热水器

图 55　折叠式活动厢房

附录3 新长安广场二期项目

宋小卫 张少帅
陕西建工第五建设集团有限公司

1 项目概况

1.1 工程概况

新长安广场二期项目位于西安市高新区沣惠南路34号，地下三层，为钢筋混凝土结构，地上二十四层，为钢结构。总建筑面积114510m²，建筑高度99.85m（图1、图2）。建成后将是一座集商业与办公为一体的现代化写字楼。

1.2 项目管理目标

工期目标：2016年8月开工，2018年6月25日竣工；

图1 项目效果图

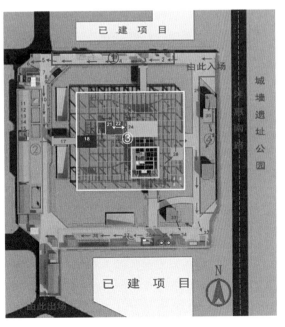

图2 现场总体布局图

质量目标：确保"长安杯"，争创"鲁班奖"；

文明工地目标：陕西省文明工地现场观摩会；

绿色施工目标：全国建筑业绿色施工示范工程。

2 项目管理亮点

（1）强化红线意识，夯实安全责任主体；

（2）坚持科技创新，引领绿色施工；

（3）传承鲁班精神，弘扬"工匠精神"；

（4）打造园林式工地，提升人文关怀；

（5）实施铁腕治霾，保卫碧水蓝天。

3 实施亮点

3.1 强化红线意识，夯实安全责任主体。

组织新进场工人观看企业标准化安全教育视频，进行安全知识问答，考试合格后在安全体验馆中模拟体验本工程可能出现的安全事故（图3）。同时结合VR虚拟技术，对本工程所涉及的危险源种类及部位进行提前识别，经过系统化培训后发放门禁卡。

项目在北侧通道设置安全文化长廊及本工程重大危险源事故模型，对现场人员进行安全知识、法律法规等交底培训。同时，开展丰富多彩的安全管理活动，使安全管理标准化、流程化、程序化。

（1）主要硬件设施：

1）企业研制的新型集成式安全体验馆（图4）。

集成式安全体验馆主要涵盖高处坠落、物体打击、触电、机械伤害、坍塌、应急救援、火灾等常见安全事故，此外还包含建筑工地相关安全知识学习，通过切身体验加深工人安全思想意识，丰富安全生产知识。安全体验馆由5个集装箱组成，可在半天内安装调试完成，拆装便捷。

2）门禁系统+建筑工人实名制管理系统。

工地大门入口安装门禁系统，对现场施工人员进行实名制登记（图5）。项目建筑工人实名制管理系统与西安市建委、高新区质监站、公司劳务实名制系统相连，各监管部门可对项目施工人员情况实时了解，同时项目经理部可对各施工班组劳动力进行实时掌握，增强项目管控效果。

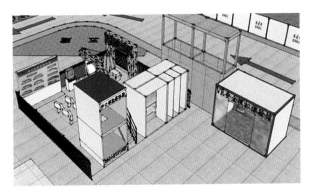

图3　安全体验区

图4　集成式安全体验馆

图5　建筑工人实名制管理系统

图6　标准化自动智能报警危险品库房

3）远程视频监控系统。

项目经理部主要通道口及塔身安装高清视频监控系统，对施工现场进行全方位实时监控，抓拍现场违章行为，将影像资料进行公示，起到警示教育效果。同时，以影像资料为证据对相关单位及个人进行处罚，从而规范现场施工行为。

4）标准化自动智能报警危险品库房（图6）。

危险品库房内温度超过40℃时，温度感应开关自动启动，排风系统加强；当库房内温度超过70℃或者存在烟雾、可燃气体时声光报警启动；发生火灾时二氧化碳灭火器自动触发，百叶以及排风自动关闭。

5）塔吊门禁系统、施工电梯人脸识别系统。

塔吊标准化围挡门安装电磁门禁系统防止非操作人员登塔，施工电梯配备人脸识别系统，确保专人操作，有效管控机械使用情况（图7、图8）。

（2）采用安全标准化设施，提高安全管理效果（图9、图10）。

（3）安全文化宣传长廊。

企业结合国务院安委会等关于安全生产相关文件要求，制定"陕建五建集团安全管理十条红线"，明确基层单位负责人、安全总监、项目经理等各岗位安全职责，项目经理部进行宣贯学习严格落实。

图7　塔吊门禁系统

图8　施工电梯人脸识别系统

图9　标准化防护栏杆

图10　标准化安全通道

1）基层单位十条红线要求。

基层单位负责人（经理及书记）必须每年组织两次安全专题会议（上半年/下半年各一次，上半年在6月30日前，下半年在12月31日前），且必须参加并主持会议；定期组织并参与项目安全考核（检查周期不超过2个月），每缺少组织一次，对基层单位负责人罚款5000元。

2）基层单位安全总监十条红线要求。

基层单位安全总监参与项目月度安全考评；对超过一定规模危险性较大分部分项工程施工（重点为高架支模、附着式整体提升架安装及大型机械安拆顶升）必须进行现场监督，监督分包单位及操作人员资质、方案落实等。

3）项目经理安全十条红线要求。

项目经理必须亲自带队组织安全月检、周一安全例会（图11），履行项目带班生产制度要求，并形成文字及影像记录。

4）项目经理部十条红线落实情况。

项目经理部每周一对现场进行安全培训检查，对存在的问题进行现场讲解，明确正确做法，从而提高相关人员安全管理水平。

图 11　项目经理带队进行安全检查

（4）重大安全事故预警模型。

为增强项目施工人员安全意识，针对工程施工特点，项目提前识别重大危险源，在现场布置本工程施工容易引起重大安全事故实体模型，以预警模型创新安全教育模式，提高作业人员安全防范意识（图12）。

（5）开展形式多样的安全管理活动，营造良好安全管理氛围（图13）。

施工现场WIFI全覆盖，设立无线广播室，在主要通道口、施工电梯等部位安装无线广播，对项目各项管理要求、安全知识等进行宣贯，从而提高现场安全管理效率。

3.2　科技创新，引领绿色施工

（1）项目进场初期，贯彻永临结合理念，在原设计正式道路位置修建施工道路作为正式道路基层，在原设计绿化位置进行绿化（图14~图16）。

（2）落实"绿色施工，节能环保"理念，项目对建设单位遗留活动板房进行改造再利用，达到文明工地要求，同时降低了项目施工成本（图17、图18）。

（3）智能水电监测系统。

项目采用企业自主研发的云时代绿色施工数字化监管与绿色施工评价系统对现场临水、临电进行监测，通过互联网+技术，实时将现场各工位用电、用水情况传输至计算机，系统自动分析现场用量，对数据异常部位进行重点管控，避免资源浪费。

（4）智能环境监测系统。

现场安装智能环境监测系统，该系统与主干道喷雾降尘系统进行联动，当室外扬尘超标，喷雾降尘系统自动开启，有效控尘，并节约了水资源（图19、图20）。

（a）塔吊大臂折断事故模型

（b）施工吊篮坠落事故模型

（c）基坑坍塌事故模型

（d）模架坍塌事故模型

图 12　重大安全事故预警模型

（a）百日安全活动

（b）安全月活动

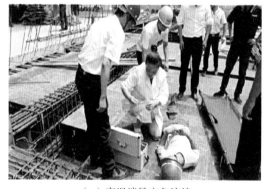
（c）高温消暑应急演练

（d）安全警示日活动

图 13　开展形式多样的安全管理活动

图 14　主楼西侧

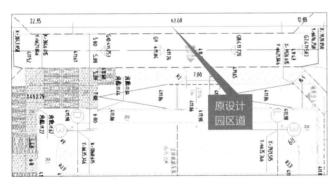

图 15　室外设计图

图 16　实施效果

图 17　原有临建设施

图 18　改造后效果

（5）空气能热水系统。

采用空气能热水系统（图21），通过热泵技术转换为热能，将水升温，提供职工洗浴热水，绿色节能环保。

（6）雨水收集系统。

在活动房屋檐上加设雨水收集管线，对雨水进行收集再利用，主要用于冲洗厕所、浇灌（图22）。

（7）绿色施工氛围营造。

通过绿色施工培训、外出参观、绿色施工展板等，营造绿色施工氛围（图23、图24）。同时，积极参与编制《陕西省绿色施工示范工程实施指南》《建筑工程绿色施工实施指南》等，提高项目绿色施工管理水平。

图 19　环境检测系统

图 20　喷雾联动系统

图 21　空气能热水系统

图 22　雨水回收再利用系统

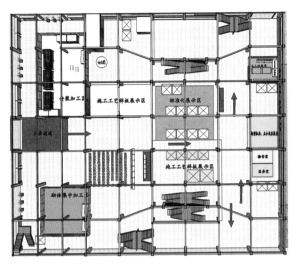

图 23　营造绿色施工氛围　　　　　　　　图 24　主楼一层

3.3　传承鲁班精神，弘扬"工匠精神"

企业不断传承弘扬"工匠精神"，连续6年荣获中国建设工程"鲁班奖"11项。

项目主要管理人员均参与鲁班奖工程的建设，使"工匠精神"在本项目不断传承。

为弘扬"工匠精神"，奉献精品工程，项目从队伍选择、材料进场申报、进场后联合验收、施工前的BIM策划、技术交底、工艺样板实施、工序交接验收、原位实体样板确认，形成一套流程化、标准化、程序化的质量管理体系。

（1）材料进场管理。

为确保项目进场材料性能、技术标准、产品质量符合国家相关规范和设计要求，杜绝假冒伪劣、低品质等建筑材料进入施工现场，项目制订材料进场管理办法，从材料样品审核、进场验收、取样复试等各个环节严把质量关，同时在现场设置材料封样间，并设专人管理，随时核对进场材料（图25、图26）。

（2）实体原位样板。

1）楼梯间

项目楼梯为钢结构，楼梯斜板侧面为"工"字形钢梁，上下梯段共用钢梁，转角部位细部结构复杂。在楼梯踏步地砖铺贴前，采用BIM技术进行模拟施工预排版，对"凹槽"、转角、梯段起步等特殊部位进行模拟放样，同时进行优化排版，做到楼梯间整体协调美观（图27、图28）。

2）多联机管井

多联机管井净尺寸3300mm×800mm（图29、图30），设计有32根ϕ50空调冷媒铜管，且铜管外部有25mm橡塑保温材料，按照原设计铜管靠墙双排布设，保温材料施工完后管道之间净间距不足100mm，结构存在安全隐患。通过BIM技术优化排布，解决以上问题，

图 25　材料封样间

图 26　封样材料

图 27　楼梯间装修策划效果图

图 28　楼梯间装修实体效果

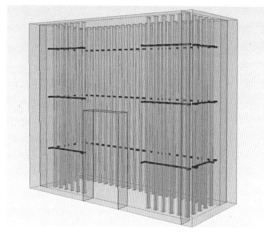

图 29　多联机管井 BIM 优化排布图

图 30　多联机管井管道施工样板

做到管道排布合理。

　　3）电气竖井

　　根据电井内配电箱、电缆桥架尺寸及数量进行优化排布，桥架出墙距离一致、间距均匀、内部电缆顺直、排列整齐；配电箱底部高度统一，间距均匀，箱体前留有不小于800mm的操作、维护距离，便于箱门开启（图31、图32）。

　　4）卫生间

　　采用BIM软件对墙砖、地砖、吊顶进行预排版，确保循环对缝，地漏、洁具等排布合理成排居中。按照排版图纸，将地漏、下水口、给水口、开关、插座等位置进行放样标识，确保管线暗埋位置准确（图33、图34）。

　　5）砌体工艺样板

　　采用新型AAC轻质蒸压砂加气混凝土砌块和板材（图35、图36）。该墙体材料具有高强、保温隔声效果好、安装便捷等特点，可达到免抹灰效果。

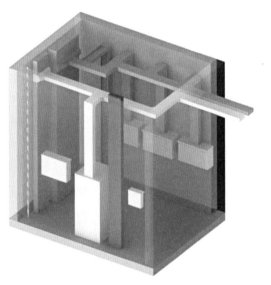

图31　电气竖井BIM优化排布图

图32　配电箱内元器件安装样板

图33　地漏居中

图34　蹲便骑缝居中

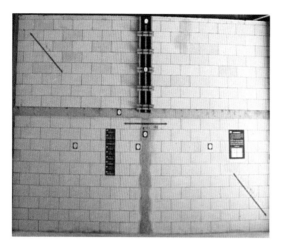

图 35　AAC 砌块施工样板

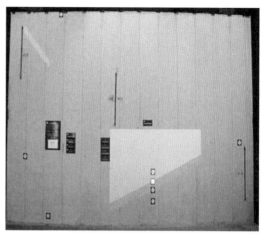

图 36　AAC 板材施工样板

主要展示砌块及板材工厂加工、现场小型机械运输、砌筑工艺、圈梁构造柱支设工艺以及实测实量验收标准等。

6）防火涂料工艺样板

工程采用厚型防火涂料（图37），主要展示防火涂料配合比控制、底层喷涂、面层抹涂整个施工过程，以及厚型防火涂料厚度控制、表面平整度、阴阳角顺度、空鼓开裂等管理措施。

图 37　防火涂料施工效果

7）钢结构制作安装展示

现场布置劲性钢结构节点及钢构件实体模型，结合现场主体原位钢结构，从钢结构BIM深化、加工、运输、现场吊装、质量控制，全过程展示钢结构施工工艺及重难点。

（3）营造良好的"工匠精神"氛围

在主要通道口设置宣传展板，并开展召开质量例会、专题会、分阶段进行质量总结、实测实量、技能比武、QC小组活动、工艺总结形成工法等活动，形成质量管理浓厚氛围。

3.4　打造园林式工地，提升人文关怀

工程施工场地狭小，为创造良好的施工环境，贯彻永临结合的理念，超前施工室外工程，在主楼东侧按设计施工图纸提前施工完成，为广大职工打造一个健康、绿色、休闲的园林式工地（图38）。

东侧围墙内侧搭设通长钢制花架，进行垂直绿化，嵌入以"追赶超越""一带一路"为主题的喷绘（图39）。

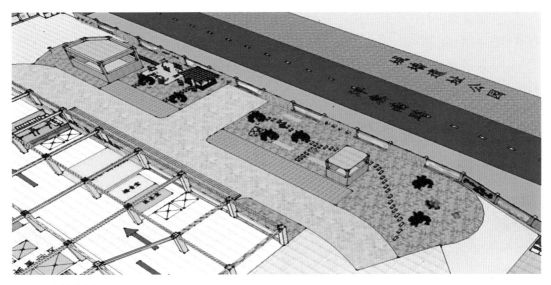

图 38　主楼东侧

3.5　实施铁腕治霾，保卫碧水蓝天

　　响应政府"治污减霾、保卫蓝天、节能减排"的号召，根据工程进展情况及钢结构形式特点，分析扬尘、噪声等产生源头，采取针对性措施，严格落实"六个百分百""七个到位""十九条措施"等相关文件，为治污减霾、保卫蓝天、节能减排作出应有的贡献。

图 39　围墙垂直绿化

　　（1）施工大门口配备洗车台，对出场施工车辆进行冲洗，杜绝车轮带泥土驶入市政道路，污染路面；现场配备360°旋转固定雾炮及移动雾炮，对现场扬尘进行快速有效管控（图40、图41）。

图 40　车辆冲洗台

图 41　固定雾炮

（2）砂浆罐出料口采用工具式密闭棚；现场设置标准化分类密闭垃圾房，对粉尘进行有效管控（图42、图43）。

（3）浇砖机器人自动移动对区域内砖材进行喷洒润湿，解放劳动力（图44）；循环水系统对多余浇砖水收集后再次利用，减少水资源浪费。

图 42　封闭式砂浆罐

图 43　封闭式分类垃圾房

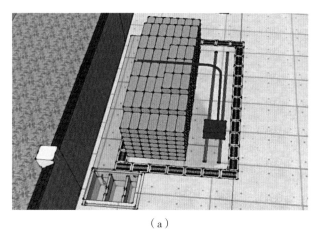

（a）

（b）

图 44　水循环利用自动浇砖机器人

（4）太阳能自助充电自行车棚及光伏一体化标养室，有效利用太阳能，节约用电（图45）。

图 45　光伏一体化标养室

附录 4　西安地铁六号线 TJSG-5 标项目

陈小龙　杨　亮
陕西建工集团有限公司

1　工程概述

1.1　工程简介

西安市地铁六号线一期工程（南客站—劳动南路）土建施工项目D6TJSG-5标为纬二十八站（含）~韦斗路站（含）~西部大道站（不含），线路全长2.184km，共计2站2区间，盾构区间全长2983.705单线米，由陕西建工集团有限公司施工（图1、图2）。

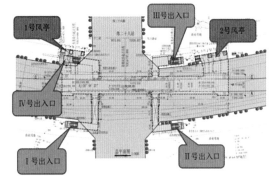

图1　西安地铁六号线 TJSG-5 标位置示意图　　　图2　西安地铁六号线 TJSG-5 标平面布置图

纬二十八站车站起止里程YCK14+671.500~YCK14+872.100，长200.6m，标准段宽19.7m，高13.73m。设计为两层岛式站台，有效站台宽度11m，地下一层为站厅层，地下二层为站台层。

1.2　项目建设信息

建设面积12966.13m²，主要工法有明挖法、暗挖法、盾构法。
计划开工、竣工日期：2016年04月1日~2018年10月30日。

2 职业健康与安全管理体系运行情况

开工伊始，项目经理部即建立健全项目综合管理体系和制度，制定相应管理措施。在项目经理部的努力下，项目职业健康与安全管理处于受控状态，未发生安全事故，保持"零死亡、零伤害"的"双零"指标。2017年11月入选陕西省文明工地暨施工扬尘防治现场观摩项目（图3）。

工程建立以项目经理为第一责任人，安全质量部为主责部门，各参建单位配备安全管理人员积极参与的项目职业健康安全管理体系（图4），在政府有关主管部门、建设单位和监理单位监督指导下，积极开展相关的安全管理工作，确保项目安全管理目标顺利实现。

图3 陕西省文明工地暨施工扬尘防治现场观摩会

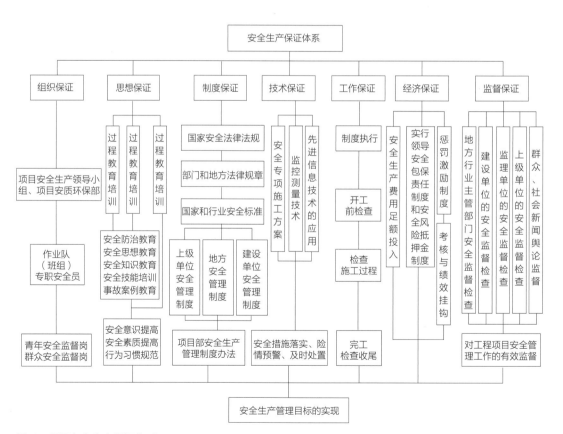

图4 项目安全生产保证体系

2.1 项目职业健康与安全管理策划

（1）进入车站结构施工阶段后，施工队伍数量不断增多，尤其是专业分包单位的增多，为现场职业健康安全管理工作带来了一定的难度。为实现项目职业健康安全管理目标，始终保持着"零死亡、零伤害"的"双零"目标，项目经理部每周召开安全生产例会，对项目经理部及作业人员进行安全教育和宣贯，对现场存在的危险源进行辨识，对安全隐患进行排查，对作业人员进行安全教育和考核，对于考核不合格的人员进行二次培训教育等。

（2）针对项目工程特点，制定项目安全生产目标管理责任制度和安全技术措施计划，落实班组和各类人员安全生产责任制，并签订责任书。

（3）现场施工工序繁琐，人员零散，交叉作业面众多。项目经理部加强项目管理人员安全管理职责，加大巡查与人员教育培训力度。安全员每天进行安全巡视，每周三召开安全生产例会，将安全生产问题、作业隐患消除在萌芽状态，确保项目安全生产有序进行。

（4）现场设置消防栓、消防器材柜及灭火器等，坚持日常巡检，保证消防系统运转正常，杜绝火灾事故的发生。

（5）重点排查现场所有机械设备，尤其是大型机械设备的检查，例如龙门吊、汽车式起重机等，定期检查、维修、保养机械设备，做好维修保养记录，严禁"三违"发生，杜绝机械故障或者机械"带病"作业现象的发生。

2.2 职业健康与安全管理责任制

项目层层落实安全生产责任制，同项目管理人员、各分包单位、班组长及施工作业人员分别签订了安全生产责任书，明确项目管理人员、各分包单位、各班组长及施工作业人员的安全责任，提高安全生产责任意识，确保安全责任落实到人。

2.3 领导带班制度

为切实做好安全生产工作，增强项目领导和职工的安全意识，进一步落实安全生产责任制，项目经理部按照项目经理、生产经理、总工程师和安全总监的顺序轮流带班，全面落实安全生产工作。项目领导班子把安全生产作为第一要务，切实掌握施工现场安全生产状况，加强重点部位、关键环节的检查巡视，认真做好日常的带班记录。

2.4 职工安全教育、培训活动

严格执行企业三级安全教育制度，并对作业人员做好入场教育、班前教育等安全教育活动，并设立农民工夜校，利用业余时间对作业人员进行专业知识和技能的再教育，定期对其进行开始考核，不断提高工人安全意识和专业能力（图5、图6）。

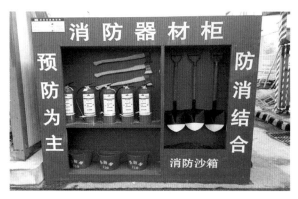

图 5　安全生产咨询日活动　　　　　　　　　图 6　标准化消防器材柜

2.5　加强现场的安全防护

严格执行企业《文明施工标准化手册》等标准，对现场的临边、洞口、电箱、电缆、安全通道、加工区等进行标准化安全防护，做到安全防护无死角（图7～图12）。

图 7　钢筋加工车间　　　　　　　　　　　图 8　乙炔库房（乙炔佩戴好防震圈、防护帽）

图 9　氧气库房（氧气瓶佩戴好防震圈、防护帽）　图 10　配电箱防护棚（悬挂安全标示）

（a）

（b）

图 12　预留洞口定型模板防护（刷红白警示油漆）

图 11　定型工具化安全防护

2.6　定期辨识现场重大危险源

项目经理部按照企业安全管理制度要求，每月对项目的重大危险源进行辨识，并做好公示和交底工作，确保重大危险源始终处于可控。

2.7　做好安全巡视、整改工作

项目经理部将安全周检查与日常性安全巡查相结合，落实安全检查工作，结合三个"抓关键"（即：抓关键作业、抓关键危险源、抓关键人物）进行巡查，确保现场安全隐患及时消除（表1）。

安全生产检查一览表　　　　　　　　　表 1

序号	检查类型	检查人员	检查内容	周期	形成资料
1	日常安全检查	项目安全员	施工现场的临时用电消防、吊装作业、机械设备、高处作业、模板支护、洞口临边防护、动火作业等	每日	安全员日巡检记录
2	周检	安全总监牵头，项目部、作业分包相关人员参加	三宝、四口、五临边的防护；龙门吊、施工电梯、木工及钢筋机具等防护；临时用电、配电箱及用电设备；模板工程；基坑支护；脚手架与平台；消防管理；现场工人的实际操作状况；文明施工；环境保护	每周	周检记录、安全隐患整改单
3	月检	项目经理牵头，项目部、作业分包相关人员参加	内页资料、隐患整改情况；施工现场三宝、四口、五临边的防护；龙门吊、施工电梯、木工及钢筋机具等防护；临时用电、配电箱及用电设备；模板工程；基坑支护；脚手架与平台；消防管理；现场工人的实际操作状况；文明施工；环境保护	每月	月检记录、安全隐患整改单

2.8 办公生活区及施工现场场容场貌

为提升企业形象，加强文明施工管理，项目经理部严格按照《陕西省文明工地验收标准》《企业品牌视觉识别指导手册》《文明施工标准化手册》等要求执行，办公生活区及施工现场场容场貌达到要求（图13~图24）。

图 13 项目办公区

图 14 职工生活区

图 15 施工办公区绿化

图 16 测量控制点

图 17 饮水、吸烟室

图 18 盾构监控室

图 19　盾构入井口门禁

图 20　车站负一层班前讲话平台

图 21　盾构楼梯定型工具化防护，端墙悬挂宣传

图 22　地面铺走道板、悬挂安全标语、柱子包角保护

图 23　入井口裸露混凝土草皮覆盖

图 24　参观区侧墙悬挂施工流程宣传

3　环境管理体系运行情况

　　积极落实企业绿色施工管理要求，推行项目绿色施工。开工至今，项目环境管理体系运行正常，未发生环境污染事故，以及相关部门及附近居民的有关环境投诉。

　　工程建立以项目经理为第一责任人，各参建单位积极参与，施工企业、地方政府、业主及监理单位监督指导的项目环境管理体系（图25），确保项目环境达标，实现"四节一环保"的目标。

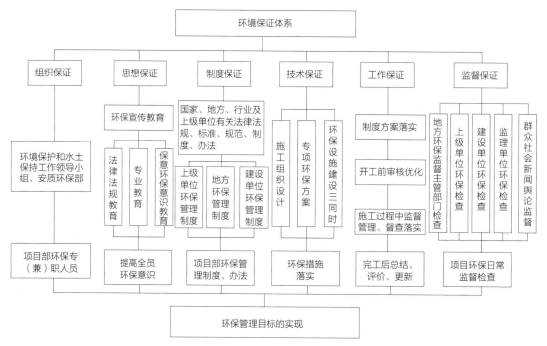

图 25　环境保证体系图

3.1　项目环境管理策划

为确保绿色施工做出特点、亮点，真正起到引领示范的作用，项目经理部编制了《环境管理方案》，并积极组织召开绿色施工工作启动会，对工程环境保护重难点进行分析，为项目的环境管理提出具体的要求并指明方向（图26）。

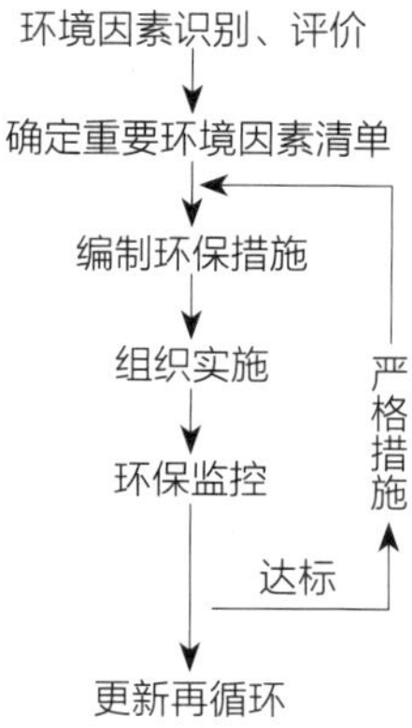

3.2　确定项目环境方针，明确项目环境管理流程

3.3　辨识项目重要环境因素

综合考虑工程影响范围、影响程度、社会关注度和法规符合性等方面，由项目总工程师组织管理人员，将项目上对环境具有或可能具有重大影响的环境因素进行辨识和评价，按照企业管理相关要求进行统计并及时进行公示。

3.4　推行绿色施工

具体可参照图27~图30所示。

图 26　项目环境管理流程

图 27　洗车台

图 28　出土监控设备

图 29　钢板路面

图 30　地面铺设绿草皮，搭建施工工序展示区

4　质量管理体系运行情况

工程目前处于主体结构施工阶段，质量总体可控。项目经理部按照质量保证体系要求，将质量目标分解责任落实到人，严格按照图纸规范及设计要求施工。施工过程严格执行"三检制度"，积极开展QC小组活动，对工程质量实行全方位、分工序、分阶段跟进控制（图31）。项目经理部设置项目大讲堂（图32），组织项目管理人员轮流给作业人员进行专业技能教育培训，施工前做好方案交底、技术交底。

推行样板引路（图33～图35），对施工过程中易发生质量问题的关键环节进行重点把控，工程施工及管理的各个环节处于受控状态，从而确保工程质量达到设计及施工验收规范要求。

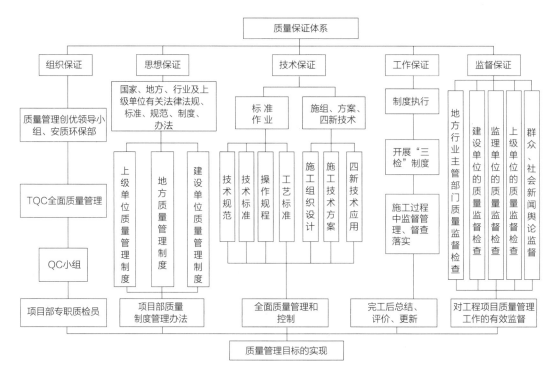

图 31　质量保证体系图

图 32　定期召开项目大讲堂

图 33　车站主体结构样板展示

图 34　车站模型

图 35　盾构机模型